人工智能系列

# 机器学习入门必备

〔美〕奥利弗·西奥博尔德（Oliver Theobald） 著

刘翔宇 译

机械工业出版社

本书是一本机器学习入门的必备图书，书中没有让人头晕眼花的公式推导，而是通过一些易于理解的类比、案例以及图片，以通俗易懂的方式讲解了机器学习中的一些名词和常见算法，使初学者能够很容易地掌握机器学习的相关概念工具、数据处理、回归与分析、建模与优化等内容。书中还介绍了使用代码构建一个机器学习模型，将读者带入实践环节。

本书非常适合没有任何基础的人工智能爱好者学习使用；对于对机器学习领域还不是很了解的读者来说，本书也是一本非常好的入门书籍。

Machine Learning For Absolute Beginners：A Plain English Introduction/by Oliver Theobald/ISBN：9780646828756

Copyright © Oliver Theobald.

This title is published in China by China Machine Press with license from Oliver Theobald. This edition is authorized for sale in China only，excluding Hong Kong SAR，Macao SAR and Taiwan. Unauthorized export of this edition is a violation of the Copyright Act. Violation of this Law is subject to Civil and Criminal Penalties.

本书由 Oliver Theobald 授权机械工业出版社在中华人民共和国境内（不包括香港、澳门特别行政区及台湾地区）出版与发行。未经许可之出口，视为违反著作权法，将受法律之制裁。

北京市版权局著作权合同登记　图字：01-2018-8494 号。

## 图书在版编目（CIP）数据

机器学习入门必备/（美）奥利弗·西奥博尔德（Oliver Theobald）著；刘翔宇译．—北京：机械工业出版社，2020.9

（人工智能系列）

书名原文：Machine Learning For Absolute Beginners：A Plain English Introduction

ISBN 978-7-111-66224-2

Ⅰ.①机… Ⅱ.①奥… ②刘… Ⅲ.①机器学习 – 普及读物 Ⅳ.①TP181-49

中国版本图书馆 CIP 数据核字（2020）第 137375 号

机械工业出版社（北京市百万庄大街22号　邮政编码100037）
策划编辑：孔　劲　　　责任编辑：孔　劲　王春雨
责任校对：赵　燕　王　延　封面设计：鞠　杨
责任印制：邸　敏
河北宝昌佳彩印刷有限公司印刷
2020 年 11 月第 1 版第 1 次印刷
145mm × 210mm · 3.875 印张 · 125 千字
0001—2000 册
标准书号：ISBN 978-7-111-66224-2
定价：39.00 元

电话服务　　　　　　　　　网络服务
客服电话：010-88361066　　机 工 官 网：www.cmpbook.com
　　　　　010-88379833　　机 工 官 博：weibo.com/cmp1952
　　　　　010-68326294　　金 书 网：www.golden-book.com
封底无防伪标均为盗版　　　机工教育服务网：www.cmpedu.com

# 译者序

如今关于人工智能的话题越来越多，也有越来越多的人想要从事人工智能方面的工作，但是对于一些想要踏足这一领域的初学者来说，人工智能还是太过神秘。

想要入门人工智能的一些朋友往往不知道从何下手，也不知道需要掌握什么样的技能，甚至除了"人工智能"这四个字之外，对它涉及的知识领域一无所知，会把机器学习与自己学习操控机器搞混，也更容易把人工智能同影视作品中的人工智能相联系，然而事实却并非如此。

本书对于机器学习绝对零基础的读者来说，是非常好的入门书籍，难易程度刚刚好，正所谓"入门必备"，阅读起来会觉得很轻松。

本书讲述了机器学习的由来，介绍了一些相关概念和名词，并讲解了机器学习工具箱、数据清洗与设置、回归分析、人工神经网络、决策树、集成建模、开发环境、使用 Python 构建模型、模型测试、其他资源数据集下载等内容。对于初学者而言，开始学习的时候是很难接受艰涩难懂的理论的，因此本书作者还通过各种实际生活中的例子来介绍所涉及的知识。

许多人工智能初学者都会问同样一个问题，"入门人工智能对数学水平要求高吗?"人工智能当然是离不开数学的，但作为入门的话，并不要求多么精通数学。有些机器学习的书籍着重介绍理论，有很多数学公式，它们比较适合有一定数学和机器学习基础的读者，而对于初学者，则很难接受并消化这样的知识。在阅读本书的过程中，读者们会发现很少有公式出现，而是以文字、图片、案例的形式将初学者带进门。

由于本书写于 2017 年，而深度学习领域发展迅猛，因此书中提到的一些深度学习框架在您阅读本书时已经过时，而新的框架也应运而生，目前使用 PyTorch 的用户已经超过了 Torch 和 Caffe，有赶超 TensorFlow 之势。读者们可以根据自己喜好选择喜欢的框架，甚至可以都学一学之后进行比较。

最后，希望此书能够帮助对人工智能感兴趣的各位朋友，将你们引进门，作为迈向更高层次的基石。

祝各位学习愉快！

刘翔宇

于广州

# 前　言

自工业革命以来，机器已经走过了漫长的道路。在工厂、车间中，它们的身影越来越多，然而发展到现在，机器的作用已经不再局限于产品制造，而是扩展到了认知任务，这一曾经只有人类能够完成的领域。如今机器能够完成许多复杂的任务，比如评判歌曲比赛、自动驾驶、与专业棋手对弈。

但这些机器非凡的成就引发了一些观察家的恐惧。这种恐惧的一部分源自生存主义者的不安全感，并在这些人之间引发了一些忧虑：如果智能机器在适者生存的斗争中向我们发动进攻呢？如果智能机器产生的后代具有人类从未传授的能力呢？如果《奇点传说》是真的呢？另一个值得担忧的是智能机器对就业的威胁，如果你是出租车驾驶员或会计，那么你有充分的理由为此担忧。根据英国广播公司（BBC）的在线互动资源《机器人会取代我吗》显示，预计在 2035 年，77% 的酒吧工作人员，90% 的服务员，95% 的特许会计，96% 的接待员，以及 57% 的出租车驾驶员等职业，很可能实现自动化。[1]

但是对工作自动化的研究，和对机器、人工智能（AI）未来发展的顾虑，还应该持保留态度。人工智能技术发展迅猛，但要将其广泛应用，还充满了各种已知的和无法预见的挑战。在探索过程中，出现延误和其他障碍是不可避免的。

机器学习也没有简单到你按下一个开关就为你预测超级橄榄球比赛的结果，或者为你送上一杯美酒。机器学习远远不是你想象的那样能开箱即用。

机器学习是建立在统计算法基础上的，这些算法由数据科学家和机器学习工程师进行管理。机器学习岗位的市场需求注定会增长，但目前而言，机器学习的岗位的需求缺口仍然很大。

然而令业内专家感到遗憾的是，阻碍人工智能发展的最重要障碍之一是缺乏具备必要专业知识和培训的专业人员。

根据 Belatrix 软件公司思想领导部主管 Charles Green 的说法："寻找数据科学家，具有机器学习经验的人员，或具有分析和使用数据技能的人员，以及能够创建机器学习所需算法的人员，这是一个巨大的挑战。其次，虽然技术仍在不断涌现，并且机器学习方面有很多发展。但很明显，AI 距离我们的想象还有很长的路要走。"[2]

也许你成为机器学习领域专家的道路就从这里开始，或者对机器学习的一些基本理解能够满足你的好奇心。不管怎么样，我们先假设你想有朝一日成为数据科学家或机器学习工程师。

要搭建并编写一个智能机器，必须首先掌握经典统计学。源自经典统计学的算法构成了机器学习中维持动力的血液和氧气。逐层线性回归、$k$ 近邻和随机森林涌入机器学习领域，并成为机器认知能力的驱动力。经典统计学是机器学习的核心，其中许多算法都源自你高中时学过的数学公式。

机器学习的另一个不可或缺的部分是代码。搭建网站可不会像 WordPress 或 Wix 这样通过简单的单击和拖动就能完成的。编码技能对于管理数据和设计统计模型至关重要。

一些机器学习专业的学生虽然有很多年的编程经验，但可能高中毕业后就再没有接触过基础统计学；还有些人，在高中的时候也从未接触过统计学。即便如此也不用担心，本书中讨论的许多机器学习算法在编程语言中都已经实现，因此不需要求解方程。读者完全可以使用代码来进行实际的数字运算。

如果你以前没有学过编程，并且想在这个领域取得进一步的进展，那么学习编程是很有必要的。但是为了快速入门，本书的内容可以在没有任何编程背景的情况下完成。阅读本书，最好对高级基础知识以及机器学习的数学和统计基础有一定了解。

对于想了解机器学习编程方面的读者，可以查阅第 13 章、第 14

章和第 16 章，相应内容会指导读者使用 Python 编程语言建立机器学习模型并做出准确预测。第 12 章还会指导读者如何搭建 Python 开发环境。

在本书的末尾有关于数据集下载和其他推荐阅读的资源。

# 目　录

# 第1章
## 什么是机器学习

1959 年，IBM 在《IBM 研究与开发杂志》上发表了一篇论文，当时的标题晦涩难懂。这篇论文由 IBM 的 Arthur Samuel（亚瑟·塞缪尔）撰写，研究了在西洋棋中使用机器学习，"为验证可以给一台计算机进行编程，使得计算机在玩西洋棋方面比编写程序的程序员更在行。"[3]

虽然"机器学习"这个词并不是第一次出现在这篇论文中，但 Arthur Samuel 被公认为是第一个创造和定义如今我们所说的"机器学习"[4]的人。之所以称为机器，是因为计算机在出现的早期也被人们称为机器。他发表的论文《西洋棋中的机器学习研究》（Some Studies in Machine Learning Using the Game of Checkers）也是现代人决心将我们的学习系统传授给人造机器的早期迹象。在这篇具有里程碑意义的论文中，Arthur Samuel 将机器学习作为计算机科学的一个分支，使计算机能够在没有明确编程的情况下进行学习。[5]在大约 60 年后，这个定义仍然被广泛接受。出版物中提及"机器学习"的走势如图 1-1 所示。

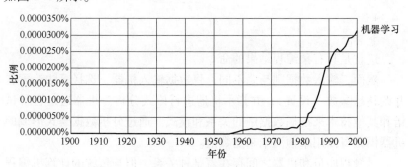

**图 1-1 出版物中提及"机器学习"的走势图。**
**来源：2017 年 Google Ngram Viewer**

虽然在 Arthur Samuel 的定义中没有直接提及，但机器学习的一个关键特征是自学习的概念，它是指应用统计建模来检测模式，并根据数据和经验信息提高性能，所有这些过程都不是通过直接编写程序命令来实现的。这就是 Arthur Samuel 所描述的那种不需要明确编程就能学习的能力。

Arthur Samuel 并没有推断出机器能在没有前期编程的情况下制定决策。相反，机器学习在很大程度上依赖于代码输入。而他观察到，仅仅使用输入数据，不需要直接输入命令，机器就能执行设定的任务，如图 1-2 所示。

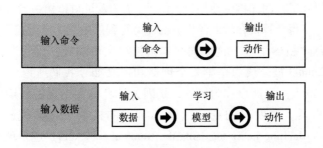

图 1-2  输入命令与输入数据

举一个输入命令的例子，在 Python 命令行中输入"2 + 2"，单击"Run"或按 < Enter > 键来得到输出。

> > >2 + 2

4

> > >

这就是具有预编程结果的命令。

然而，输入数据则与之不同，将数据输入机器，选择算法，配置并调整超参数（设置），并指示机器进行模式分析。机器通过各种试错和其他技术来挖掘数据中的关系和模式。通过分析数据模式形成的机器模型可以用来预测未来的数值。

尽管程序员和机器之间存在着某种关系，但与传统的计算机编程相比，他们的操作层是分开的，而传统的计算机编程的输出是预先定义的。这是因为机器根据经验制定决策，并模仿基于人类的决策过程来生成输出。

举个例子，假设在研究了数据科学家在 YouTube 上的观看习惯之后，你设计的机器学习模型确定了数据科学家和关于猫的视频之间的密切关系。另外一种情形，你设计的模型会识别出棒球运动员身体特征中的模式，以及他们赢得本赛季最有价值球员（MVP）奖的可能性。

在第一种情况下，该机器根据用户参与度分析了数据科学家喜欢在 YouTube 上观看哪些视频，以喜欢、订阅和重复观看来衡量。在第二种情况下，机器评估了以前棒球 MVP 的身体特征以及各种其他特征，如年龄和教育程度。但是，在这两种情况中，你的机器都没有被明确编程来产生直接结果。你做的只是输入数据并配置指定的算法，但最终的预测是由机器通过模式识别和自学习来确定的。

你可以将建立机器学习模型类比于训练导盲犬。通过专门的训练，导盲犬能学会如何在不同的情况下做出反应。导盲犬学会了在红灯时坐下，或者安全地带领主人绕过障碍物。导盲犬在经过适当的训练后，就不再需要训练员了。它可以在无人看管的情况下运用其训练所得做出决定。同样，机器学习模型也可以被训练成能够使用过去的经验进行决策。

机器学习中一个非常简单的例子就是创建垃圾邮件检测模型。该模型经过训练，可以拦截含有三个或更多标记关键词的可疑主题和文本的邮件，比如"亲朋好友""免费""发票""PayPal""伟哥""赌场""付款""破产"和"赢家"等。

不过现阶段，我们还没有进行机器学习。如果我们回忆一下输入命令与输入数据的直观表示，我们可以看到这个过程只包含两个步骤：命令，动作（Command > Action）。

机器学习需要三个步骤：数据，模型，动作（Data > Model > Action）。

因此，为了将机器学习纳入我们的垃圾邮件检测系统中，我们需要用"数据"替换掉"命令"，并添加"模型"，以便生成动作或输出。在本例中，数据是一系列电子邮件样本，而模型则由基于统计的规则组成。模型的参数包含了上面提到的关键词，然后根据数据对模型进行训练和测试。

在将数据输入模型后，模型中包含的假设很可能会导致一些不准确的预测。比如，根据该模型的规则，主题为"PayPal 已经收到您在易趣网上购买的皇家赌场的付款。"的邮件将自动被归类为垃圾邮件。

由于这是一封由 PayPal 自动回复器发送的真实邮件，而模型中的关键词使得垃圾邮件检测系统产生了假阳性的结果。传统的编程很容易出现这种情况，因为没有内置的机制来测试模型的假设和修改规则。而机器学习则可以通过上面提到的三个步骤，通过对错误的预测做出响应来适应和修改假设。

在机器学习中，数据分为训练数据和测试数据。训练数据是为开发模型做的储备数据。在垃圾邮件检测的例子中，可能会从训练数据中检测出类似于 PayPal 自动回复的误报。因此必须对模型进行修改，例如，从发送地址"payments@ paypal. com"发出的电子邮件应排除在垃圾邮件过滤之外。

在基于训练数据成功开发出一个准确率较好的模型之后，就可以使用剩下的数据（测试数据）对模型进行测试。一旦对训练数据的和测试数据的结果都感到满意，机器学习模型就可以对收到的电子邮件进行过滤，并且生成分类这些邮件的决策。

机器学习和传统编程之间的区别一开始似乎并不明显，但当你通过更多的示例并在更细微的情况下感受自学习的特殊力量时，这种区别就会变得清晰起来。

本章的第二个重要内容是机器学习如何融入数据科学和计算机科学的大环境中。这意味着要了解机器学习与父领域和姊妹学科的相互关系。这一点很重要，因为在寻找相关学习资料时，你会遇到这些相关的术语，在机器学习入门课程中，你也会经常听到这些术语。这些相关学科也很难一目了然地区分开来，例如"机器学习"和"数据挖掘"之间的区别就比较难区分。

我们先从高级别的层面开始介绍。机器学习、数据挖掘、计算机编程以及大多数相关领域（不包括经典统计学）首先源于计算机科学，包含了一切与计算机设计和使用有关的内容。在计算机科学这个包罗万象的空间里，还有一个广泛的领域是数据科学。数据科学的范围比计算机科学窄，它包括通过使用计算机从数据中提取知识和见解的方法与系统。图 1-3 以俄罗斯套娃的形式展示了各个领域的包含关系。

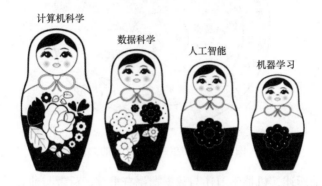

计算机科学　数据科学　人工智能　机器学习

图 1-3　各领域的包含关系

从图 1-3 左边开始，在计算机科学和数据科学之后，第三个出现的是人工智能。人工智能，或称 AI，包括机器执行智能和认知任务的能力。与工业革命催生出了可以模拟物理任务的机器时代相比，人工智能正在推动能够模拟认知能力的机器的发展。

然而与计算机科学和数据科学相比，人工智能的应用更广泛并且更具磨练性，许多当今流行的子领域中都有人工智能的影子。这些子领域包括搜索和规划、推理和知识表示、感知、自然语言处理（NLP），当然还有机器学习。机器学习也通过自学习算法渗透到人工智能的其他领域，包括 NLP、搜索和规划以及感知，它们之间的关系如图 1-4 所示。

对于对人工智能感兴趣的学生来说，机器学习是一个很好的起点，因为与人工智能概念上的模糊性相比，机器学习提供了一个更窄、更实用的学习视角。机器学习中使用的算法也可以应用于其他学科，包括感知和自然语言处理。此外，硕士学位足以让你培养一定水平的机器学习专业知识，但要想在人工智能领域取得真正的进展，你可能需要一个博士学位。

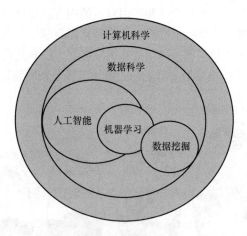

**图1-4　数据相关领域之间的关系**

　　如前所述，机器学习还与数据挖掘有重叠，后者与前者是姊妹学科，致力于发现和挖掘大型数据集中的模式。在数据挖掘和机器学习领域中，常用的算法，比如 $k$ 均值聚类、关联分析和回归分析都被用于分析数据。但是，机器学习侧重于自学习和数据建模的增量过程以形成对未来的预测，而数据挖掘缩小了清理大型数据集的范围，从过去的数据中获取宝贵的信息。

　　数据挖掘和机器学习之间的区别可以通过两个考古学家团队的类比来解释。第一组考古学家把他们的工作重点放在清除贵重物品中的碎片上，使它们不被直接看到。他们的目标是挖掘该地区，发现新的有价值的东西，然后收拾好设备继续挖掘。而后，他们飞往另一个与他们之前挖掘的地点没有任何关系的地方，开始新的发掘。

　　第二个团队也在挖掘历史遗迹，但这些考古学家使用了不同的方法。他们特意在几个星期内不去挖掘主坑。在此期间，他们参观了该地区其他相关的考古遗址，并检查了每个遗址是如何挖掘出来的。回到自己的挖掘地点后，他们将这些知识应用于挖掘主坑周围的小坑。然后考古学家分析结果。他们根据挖掘一个坑的经验，来优化挖掘下一个坑的工作，包括预测挖掘所需的时间，了解当地地形的变化和模式，并制定新的策略来减少误差和提高工作的准确性。根据这些经验，他们可以优化挖掘方法，形成挖掘主坑的战略模型。

　　简单来说，第一个团队使用的是数据挖掘，第二个团队使用的机器学习。

　　虽然两个团队都在挖掘历史遗址以发现有价值的物品，但他们的目标和方法是不同的。机器学习团队专注于将他们的数据集划分为训练数据和测试数据，以创建一个模型，来提高他们对未来做出决策的能力。而数据挖掘团队则专注于尽可能精确地挖掘目标区域，而无须使用自学习模型来了解过去。

# 第2章
## 机器学习种类

机器学习结合了数百种基于统计的算法，如何选择正确的算法或算法组合是这个领域长久以来存在的挑战。但是在我们研究特定算法之前，了解机器学习的三个主要类别是很重要的。这三个类别是监督学习、非监督学习和强化学习。

## 2.1 监督学习

作为机器学习的第一个分支，监督学习集中于从标记数据集中学习模式，解码输入特征（自变量）与其已知输出（因变量）之间的关系。自变量（表示为"$x$"）是假设影响因变量（表示为"$y$"）的变量。例如，油（$x$）的供应会影响燃料（$y$）的成本。

监督学习是向机器中输入各种自变量，输出其因变量值。输入值和输出值都是已知的，也就是说数据集是已"标记的"。然后，算法解密输入值和输出值之间存在的某种模式，并使用这些知识来做预测。例如，使用监督学习，我们可以通过分析其他汽车属性（$x$）（如制造年份、汽车品牌、里程等）和历史数据中汽车的销售价格（$y$）之间的关系，来预测二手车的市场价格。鉴于监督学习算法知道其他汽车的最终售价，它可以反向推断以确定汽车特征（输入）与其最终值（输出）之间的关系。如图2-1，就是一个简单的汽车价格预测模型。

在机器解密数据的规则和模式之后，它创建了一个称为模型的东西：它是一个算法方程，根据从训练数据中学习到的基本趋势和规则生成新数据的结果。一旦模型准备好了，它就可以应用到新的数据中，并测试其准确性。模型在训练数据和测试数据上都表现优秀之

8

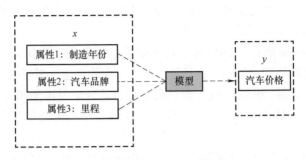

**图 2-1　汽车价格预测模型**

后，就可以在实际中应用了。

用于监督学习的算法示例包括回归分析、决策树、$k$ 近邻、神经网络和支持向量机。我们将在后面的章节中介绍每一种算法。

## 2.2　非监督学习

在非监督学习的情况下，输出变量是未标记的，因此输入和输出变量的组合是未知的。非监督学习侧重于分析输入数据变量之间的关系，并发现可以提取的隐藏模式，以创建有关可能输出的新标签。

例如，如果你根据中小企业和大型企业客户的购买行为对数据点进行分组，您可能会看到两堆数据点出现。这是因为中小企业和大型企业往往有不同的采购需求。例如，在购买云计算基础设施时，对于大多数中小企业客户来说，基本的云托管产品和内容分发网络（CDN）可能就足够了。不过，大型企业客户可能会购买更广泛的云产品和完整的解决方案，其中包括高级安全设施和网络产品，如 WAF（Web 应用程序防火墙）、专用私有连接和 VPC（虚拟私有云）。

通过分析客户的购买习惯，非监督学习能够识别这两类客户，而无须给公司贴上中小型或大型的那些标签。

非监督学习的优势在于，它能够发现你不知道的数据模式，例如存在两种主要的客户类型，一旦发现新的组，它就为进一步分析提供了跳板。

在业内，非监督学习在欺诈检测领域非常引人注目——其中最危险的攻击是那些尚未被分类的攻击。比如 Datavisor，他们在非监督学习之上建立了自己的业务模型。

Datavisor 成立于 2013 年，位于加利福尼亚州，它保护客户不受欺诈性在线活动的影响，包括垃圾邮件、虚假评论、虚假应用程序安装和欺诈交易。传统的欺诈保护服务利用监督学习模型和规则引擎，而 Datavisor 使用非监督学习，使他们能够在早期阶段检测出未分类的攻击类别。

Datavisor 在官网上解释说，"为了检测攻击，现有的解决方案依赖于人类的经验来创建规则或标记训练数据来调整模型。这意味着他们无法检测到尚未被人类识别或未在训练数据中标记的新型攻击。"[6]

换句话说，传统的解决方案分析特定类型攻击的活动过程，然后创建规则来预测和检测重复攻击。在这种情况下，因变量（输出）是攻击事件，自变量（输入）是攻击的常见预测变量。这里的自变量可以是：

1）突然来自未知用户的大订单。也就是说，已注册的用户通常每个订单花费不到 100 美元，但新用户在注册账户后立即出现了一个 8000 美元的订单。

2）用户评级突然飙升。也就是说，作为亚马逊上的作家和书商，我这本书的第一版每天很少收到一条以上的读者评论。一般来说，大约 200 名亚马逊读者中有 1 人会留下一条书评，而大多数书籍在数周或数月中都不会有一条书评。然而，我注意到这一类别（数据科学）下的一些作者在一天内吸引了 20 到 50 条评论！毫无悬念，在几周或几个月后，亚马逊删除了这些可疑的评论。

3）来自不同用户的相同或类似的评论。同样以亚马逊为例，我有时会发现一些关于我的书的评论出现在其他书中（甚至我的名字还包含在评论中！）。同样，亚马逊最终删除了这些虚假评论，并冻结了这些违反服务条款的账户。

4）可疑的送货地址。也就是说，对于经常向本地客户运送产品的小企业，来自远方的订单（他们没有在此区域投放广告）在极少数情况下可能是欺诈或恶意活动的迹象。

独立事件，如突如其来的大额订单或远程发货地址，可能无法提供足够的信息来检测复杂的网络犯罪，可能更容易导致一系列假阳性结果。但是，一个监控自变量组合的模型，例如来自世界另一端的大量采购订单，或者大量重复使用现有用户内容的书评，通常会能得出更准确的预测。

一个基于监督学习的模型可以解析和分类这些常见的变量，并设计一个检测系统来识别和防止重复犯罪。但是，精明的网络罪犯学会了通过修改他们的策略来逃避这些简单的基于分类的规则引擎。例如，在发起攻击之前，攻击者通常注册和操作一个或多个账号，并模拟合法用户的活动来使用这些账号。然后，他们利用注册已久的账号来规避检测系统，因为该系统会密切监控新注册的账号。因此，基于监督学习监控的解决方案通常难以检测潜伏的威胁，直到产生实际伤害，尤其是新的攻击类型。

Datavisor 和其他反欺诈解决方案提供商转而利用非监督学习技术来解决这些问题。他们分析了数亿个账号的模式，识别用户之间的可疑关系（输入），而不需要未来攻击的实际类别（输出）。通过对行为偏离标准用户行为的恶意行为人进行分组和识别，并采取措施防止新类型的攻击（其结果仍然未知且未标记）。

前面列举出的四个例子就属于可疑行为，此外，大批新注册用户都有同样的头像也属于可疑行为。通过识别用户之间的细微关联，像 Datavisor 这样的公司可以在早期阶段定位潜在威胁，从而使客户能够干预或监控下一步行动。同时，非监督学习也有助于发现整个犯罪团伙，因为欺诈行为通常依赖于账户之间的伪造连接。例如，一群虚假的 Facebook 账号可能相互为好友并且关注相同的页面，但没有与真实用户相关联。

本书将在后面针对聚类分析来介绍非监督学习。除聚类分析之外，无监督学习算法还包括关联分析，社交网络分析和降维算法。

## 2.3　强化学习

强化学习是机器学习的第三类也是最先进的一类。与监督学习和非监督学习不同，强化学习通过随机试错和利用先前迭代的反馈来开发其预测模型。

强化学习的目标是通过随机试验大量可能的输入组合并对其性能进行分级，从而达到特定的目标（输出）。

强化学习很难理解，我们最好通过一个电子游戏类比来解释。当玩家在游戏的虚拟空间中前进时，他们会在不同的条件下学习各种动作的价值，并对游戏场景更加熟悉。然后，这些学习到的动作价值会告知并影响玩家的后续行为，他们的表现会根据学习和经验逐步提高。

强化学习与之非常相似，强化算法通过连续学习来训练模型。一个标准的强化学习模型有可测量的性能标准，不对其输出进行标记，而是进行分级。在自动驾驶车辆的情况下，避免撞车将会获得奖励，而在国际象棋中，避免失败同样能得到奖励。

我们来介绍强化学习中的一个算法——Q-learning。在Q-learning中，你从一组环境状态开始，由符号"S"表示。在游戏"吃豆人"中，状态可以是游戏中存在的挑战、障碍或路径。左边可能有一面墙，右边可能有一个怪，上面可能有一个强力药丸，它们每个都代表不同的状态。

对这些状态做出响应的一组可能动作称为"A"。对于"吃豆人"，动作仅限于向左、右、上和下移动，以及它们的多个组合。

第三个重要符号是"Q"，它是模型的起始值，初始值为"0"。

当在"吃豆人"中探索游戏空间时，会发生两件事：

1）在给定的状态/动作之后，Q会随着负面事件的发生而下降。

2）在给定的状态/动作之后，Q会随着积极事件的发生而增加。

在Q学习中，对于给定状态，机器会去学习匹配那些能得到或保持最高Q值的动作。它最初是通过在不同条件（状态）下的随机运动（动作）过程来学习的。机器记录其结果（奖励和惩罚）以及它们如何影响其Q值，并存储这些值以通知和优化其未来的操作。

虽然这听起来很简单，但实现起来困难，并且超出了本书的范围。强化学习算法在这本书中没有介绍，不过，参考这个链接（https://inst. eecs. berkeley. edu/～cs188/sp12/projects/reinforcement/reinforcement. html），可以让你通过"吃豆人"对强化学习和Q-learning进行更全面的理解。

# 第 3 章

## 机器学习工具箱

学习新技能的一个简便方法是展示将会使用到的工具，其中包含该技能领域下的基本工具和材料。例如，要为构建网站选择各种工具，你首先会选择一种编程语言。包括选择前端语言，比如 HTML、CSS 和 JavaScript，再根据个人喜好选择一到两种后端语言，当然还有编辑器。你也可以选择使用 WordPress 这样的网站建设工具，然后使用网络托管工具、DNS 以及你购买的一些域名。

这个清单并不完整，但从中可以很好了解到在成为一个成功的网站开发人员的道路上，你需要掌握哪些工具。

现在我们来打开机器学习工具箱，看看都有些什么工具吧。

## 3.1 数据

工具箱的第一个隔间中存储的是数据。数据构成了进行预测所需的输入。数据有多种形式，包括结构化和非结构化数据。作为初学者，建议从结构化数据开始。结构化数据以表的形式定义、组织和标记，见表 3-1。图像、视频、电子邮件和音频是非结构化数据，因为没办法将它们按行列的结构进行存储。

表 3-1  2015 年至 2017 年比特币价格

| 日　　　　期 | 比特币价格 | 经 过 天 数 |
|---|---|---|
| 2015 年 5 月 19 日 | 234.31 | 1 |
| 2016 年 1 月 14 日 | 431.76 | 240 |
| 2016 年 7 月 9 日 | 652.14 | 417 |
| 2017 年 1 月 15 日 | 817.26 | 607 |
| 2017 年 5 月 24 日 | 2358.96 | 736 |

在我们继续之前，我首先要解释表格数据集的结构。表格数据集包含按行和列组织的数据。每列中包含的叫作特征。特征也称为变量，维度或者属性，这些指的都是同一个东西。每一行表示对给定特征/变量的单个观察。行有时被称为事例或值，但在本书中，我们使用术语"行"。表格数据的形式如图3-1所示。

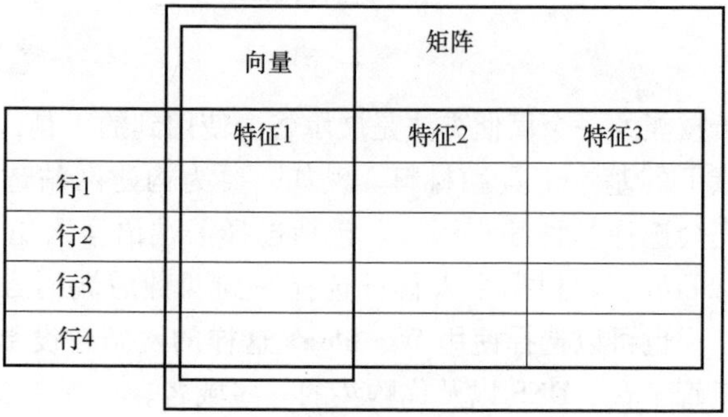

| 向量 | 矩阵 | | |
|---|---|---|---|
| 特征1 | 特征2 | 特征3 | |
| 行1 | | | |
| 行2 | | | |
| 行3 | | | |
| 行4 | | | |

**图3-1 表格数据**

每列也称为向量。向量存储 $X$ 和 $Y$ 值，多个向量（列）通常称为矩阵。在监督学习的情况下，$Y$ 已经存在于数据集中，并用于识别与自变量（$X$）相关的模式。$Y$ 值通常在最后一列中，如图 3-2 所示。

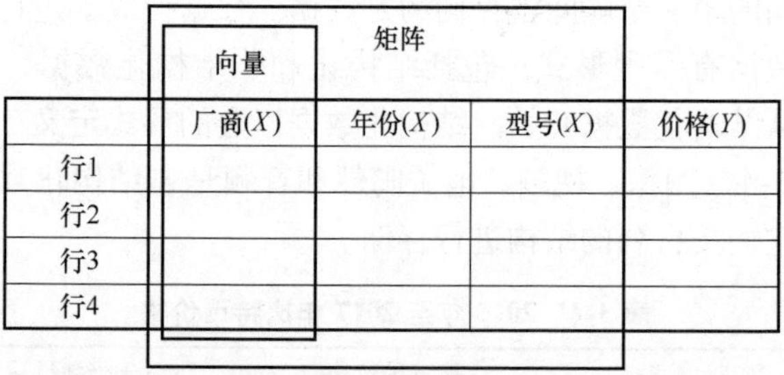

| 向量 | 矩阵 | | |
|---|---|---|---|
| 厂商($X$) | 年份($X$) | 型号($X$) | 价格($Y$) |
| 行1 | | | |
| 行2 | | | |
| 行3 | | | |
| 行4 | | | |

**图3-2 $Y$ 值通常位于表格最右边表示，但也不绝对**

接下来，工具箱的第一个隔间内是一系列散点图工具，包括二维、三维和四维图。二维散点图由垂直轴（称为 $y$ 轴）和水平轴（称为 $x$ 轴）组成，并提供图形画布来绘制一系列点，这些点称为数据点。散点图上的每个数据点表示数据集的一个观测值，其中 $X$ 值与 $x$ 轴对齐，$Y$ 值与 $y$ 轴对齐，如图 3-3 所示。

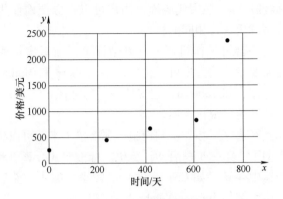

**图 3-3　二维散点图**

图 3-3 数据点对应的表格数据见表 3-2。

**表 3-2　二维散点图对应数据表**

| | 自变量（$X$） | 因变量（$Y$） |
|---|---|---|
| 行 1 | 1 | 243.31 |
| 行 2 | 240 | 431.76 |
| 行 3 | 417 | 653.14 |
| 行 4 | 607 | 817.26 |
| 行 5 | 736 | 2358.96 |

## 3.2　基础设施

　　工具箱的第二个部分包含关于机器学习的一些基础设施，它由处理数据的平台和工具组成。作为机器学习的初学者，你可能会使用到 Web 应用程序（如 Jupyter Notebook）和编程语言（如 Python）。并且有一系列机器学习库，包括 NumPy、Pandas 和 Scikit-learn，它们可以在 Python 中使用。机器学习库是机器学习中经常使用的预编译和标准化编程例程的集合，使你能够以最少的代码来操作数据和执行算法。库的一个显著特征是，独立用户可以重复使用它执行特定任务；用户只需要熟悉这些库的调用接口，而不需要了解底层细节。与 WordPress 插件一样，使用代码库，用户可以很方便地使用带标准化参数的预编写代码执行相同的操作。

你还需要一台可工作机器，可以是计算机或者虚拟服务器。此外，你可能需要专门的数据可视化库，如 Seaborn 和 Matplotlib，或者独立的软件程序，如 Tableau，它支持一系列可视化技术，包括图表、图形、地图和其他可视化选项。

假设你已经选好了各种基础设施，那么接下来就可以构建第一个机器学习模型了。第一步是启动计算机。标准台式计算机和笔记本电脑都适用于集中存储（如 CSV 文件）的较小数据集。然后，你需要安装编程环境，例如 Jupyter Notebook 和一种编程语言，对于大多数初学者来说，可以选择 Python。

Python 是机器学习中使用最广泛的编程语言，有以下几点原因：

1）容易学习使用。

2）与一系列机器学习库兼容。

3）它可以用于与机器学习相关的任务，包括数据收集（Web 数据抓取）和数据管道（Hadoop 和 Spark）。

如果你精通 C 和 C++，也可以选择它们作为进行机器学习的编程语言。C 和 C++ 是高级机器学习的默认编程语言，因为它们可以直接在 GPU（图形处理单元）上运行。在部署到 GPU 上运行之前，需要首先对 Python 代码进行转换，我们将在本章后面讨论这个问题以及 GPU 是什么。

接下来，Python 用户通常需要导入以下库：NumPy、Pandas 和 Scikit-learn。NumPy 是一个免费的开源库，能高效地加载和处理大型数据集，包括合并数据集和处理矩阵。

Scikit-learn 提供了一系列流行的浅层算法，包括线性回归、Bayes 分类器和支持向量机。

最后，Pandas 将数据表示为一个虚拟电子表格，用户可以使用代码来处理这个表格。它与 Microsoft Excel 类似，能够对数据进行编辑和计算。Pandas 这个名字来源于术语"面板数据"（panel data），指的是它能创建一系列面板，类似于 Excel 中的“工作表”。Pandas 也是从 CSV 文件导入和提取数据的理想选择，如图 3-4 所示。

In [1]:
```
# Import library
import pandas as pd

# Read in data from CSV as a Pandas dataframe
df = pd.read_csv('~/Downloads/Melbourne_housing_FULL.csv')

df.head()
```

Out[1]:

| | Suburb | Address | Rooms | Type | Price | Method | SellerG | Date | Distance | Postcode | ... | Bathroom | Car | Landsize | BuildingArea | YearBuilt | Co |
|---|---|---|---|---|---|---|---|---|---|---|---|---|---|---|---|---|---|
| 0 | Abbotsford | 68 Studley St | 2 | h | NaN | SS | Jellis | 3/09/2016 | 2.5 | 3067.0 | ... | 1.0 | 1.0 | 126.0 | NaN | NaN | |
| 1 | Abbotsford | 85 Turner St | 2 | h | 1480000.0 | S | Biggin | 3/12/2016 | 2.5 | 3067.0 | ... | 1.0 | 1.0 | 202.0 | NaN | NaN | |
| 2 | Abbotsford | 25 Bloomburg St | 2 | h | 1035000.0 | S | Biggin | 4/02/2016 | 2.5 | 3067.0 | ... | 1.0 | 0.0 | 156.0 | 79.0 | 1900.0 | |
| 3 | Abbotsford | 18/659 Victoria St | 3 | u | NaN | VB | Rounds | 4/02/2016 | 2.5 | 3067.0 | ... | 2.0 | 1.0 | 0.0 | NaN | NaN | |
| 4 | Abbotsford | 5 Charles St | 3 | h | 1465000.0 | SP | Biggin | 4/03/2017 | 2.5 | 3067.0 | ... | 2.0 | 0.0 | 134.0 | 150.0 | 1900.0 | |

5 rows × 21 columns

**图 3-4　Jupyter Notebook 中使用 Pandas 预览表格数据**

除了 Python、C 和 C ++ 之外，与机器学习相关的语言还有 R、MATLAB 和 Octave。

R 是一种为数学运算而优化的免费开源编程语言，可用于构建矩阵和执行统计函数。虽然 R 更常用于数据分析和数据挖掘，但在机器学习领域也有一席之地。

MATLAB 和 Octave 是 R 的直接竞争对手。MATLAB 是一种商业和专业编程语言，能够很好地求解代数方程，学习起来很快。

MATLAB 广泛应用于电气工程、化工、土木工程、航空工程等领域。然而，尤其是近年来，计算机科学家和计算机工程师往往不太喜欢使用 MATLAB。在机器学习领域中，MATLAB 在学术界比工业界更常用。因此，你可能会在机器学习的在线课程中看到使用 MATLAB，尤其是在 Coursera 上，但这并不意味着它在工业中也普遍使用。当然了，如果你有相关的使用背景，那么使用 MATLAB 也是完全可以的。

最后，Octave 实际上是 MATLAB 的免费版本，它是由开源社区按照 MATLAB 开发的。

到此你已经设置好了开发环境并且选择好了编程语言以及相关库，接下来就可以直接从 CSV 文件导入数据了。读者可以在 Kaggle 上找到上百个很有趣数据集，它们都是 CSV 格式的。注册好账号之后就可以下载数据了，账号注册和下载数据都是免费的。

这些数据会以 CSV 的格式下载到计算机，读者可以用 Microsoft Excel 来打开，并且在这些数据上使用一些基本的算法，比如线性回归。

## 3.3 算法

接下来，工具箱中第三个也是最后一个隔间中存放的是机器学习算法。作为初学者，可以从简单的监督学习算法开始，例如线性回归、逻辑回归、决策树和 $k$ 近邻。

对于非监督学习，初学者可以从 $k$ 均值聚类和降维算法开始。

## 3.4 可视化

无论你对数据的发现多么有影响力，多么有洞察力，你都需要一种方法将结果传达给相关决策者。这就要使用数据可视化方法，将数据中的发现传达给一般受众。通过散点图、方框图和数字表示等形式传达发现结果，一目了然。一般来说，对方知道的信息越少，数据可视化就越重要。相反，如果对方已经有了足够深入的了解，那么可以在可视化的图像上再补充其他细节和技术术语。

要对结果进行可视化，可以使用工具箱中第二个隔间中的工具，比如使用 Tableau 或 Seaborn 进行绘图。

## 3.5 高级工具箱

目前为止，我们介绍了面向典型初学者的初学者工具箱，但是对于高级用户呢？他们的工具箱是什么样子的？虽然在使用高级工具之前可能需要一段时间，但初学者偷看一眼也不是坏事。高级工具箱中提供了更多的工具，当然还有更多的数据。初学者和高级用户最大的区别之一是他们使用的数据大小。初学者通常开始的时候是使用较小的数据集，这些数据容易使用并且能够直接将它下载到自己的计算机中，保存为 CSV 文件。而高级用户则渴望处理海量数据。也就是说这些数据会存储在多个地方，并且可能是流式数据（实时导入分析），因此这些数据是流动的。

## 3.6　大数据

什么是大数据呢，由于其所包含的价值、多样性、数量和处理速度而无法使用传统方法进行处理的数据集，就叫作大数据。在没有先进技术的帮助下，人类是无法处理这些数据的。大数据在数据大小或最小行数和列数方面没有精确的定义。目前，PB 级的数据可以称为大数据，但随着新的存储方式出现以及数据存储成本日渐低廉，所能够收集到的数据变得越来越大，大数据的概念也会相应变化。

大数据也不太可能用标准的行和列进行表示，因为这些数据可能包含多种数据类型，比如结构化数据和各种非结构化数据，如图像、视频、电子邮件和音频。

## 3.7　高级基础设施

因为高级用户需要处理高达 PB 级别的数据，因此需要强大的基础设施。他们通常不会使用 PC 上的 CPU 进行数据处理，而是使用分布式计算和云服务提供商提供的虚拟图形处理单元（GPU）处理数据，如 Amazon Web Services（AWS）或 Google 云平台。

GPU 芯片最初使用在 PC 主板和视频控制台上，如 PlayStation2 和 Xbox，用于处理游戏。为了加快图像的渲染速度，使每帧数百万像素的图像不断重新计算，并在不到 1s 的时间内显示输出。到 2005 年，GPU 芯片的生产量如此之大，以至于价格急剧下降，几乎成为人人能够消费得起的一种商品。尽管 GPU 在电子游戏行业很受欢迎，但直到最近才应用于机器学习领域。

Kevin Kelly 在他的著作《不可避免：理解将塑造我们未来的 12 种技术力量》中解释说，2009 年，吴恩达和斯坦福大学的一个团队发现，将廉价的 GPU 连接起来组成集群，能够运行由数亿个结点组成的神经网络。

Kevin Kelly 解释说，"对于具有一亿个节点的神经网络，计算所有的级联可能性，使用传统的处理器需要花费数周时间。而吴恩达团队发现 GPU 集群只需要一天时间就能完成同样任务"。[7]

作为专用的并行计算芯片，与 CPU 相比，GPU 每秒能够执行更多的浮点运算，更快地得到解决方案。

如前所述，C 和 C++是直接在 GPU 上编辑和执行数学运算的首选语言。Python 也可以与机器学习库（如 Google 的 TensorFlow）结合使用并转换为 C 语言。虽然可以在 CPU 上运行 TensorFlow，但使用 GPU 可以获得高达 1000 倍的性能提升。不幸的是，对于 Mac 用户，由于英伟达 GPU 已不再适用于 MacOS X，因此不能在 Mac 上使用 GPU 版本的 TensorFlow。但是 Mac 用户仍然能够使用 CPU 版本的 TensorFlow，如果想使用 GPU，可以在云端进行。

AWS、微软 Azure、阿里云、谷歌云平台和其他云提供商提供即付即用的 GPU 资源，同样也支持免费试用。由于性价比高，谷歌云平台目前是虚拟 GPU 资源的首选。2016 年，谷歌宣布将公开发布专为运行 TensorFlow 而设计的张量处理单元，该处理单元已经在谷歌内部使用。

## 3.8  高级算法

为完结这一章，我们来看看高级工具箱中第三个隔间放的高级算法工具。

为了分析大型数据集并响应复杂的预测任务，高级用户使用多种算法，包括马尔可夫模型，支持向量机和 Q-learning，以及算法组合来创建统一模型，称为集成建模（将在第 11 章进一步探讨）。

然而高级用户最可能使用的算法是人工神经网络（将在第 9 章中介绍），人工神经网络有其自己的高级机器学习库。

虽然 Scikit-learn 提供了一系列流行的浅层算法，但 TensorFlow 是深度学习和人工神经网络（ANN）机器学习库的首选。TensorFlow 由 Google 开发，支持各种先进的分布式数值计算。通过将计算分布在 GPU 实例（多达数千个）上，TensorFlow 能够运行大型神经网络，而这在单个服务器上是不可能做到的。

TensorFlow 具有丰富的资源、文档，许多岗位也要求会使用 TensorFlow，因此很有必要学习 TensorFlow。其他流行的神经网络框架还有 Torch、Caffe 和用户量快速增长的 Keras。

Keras 用 Python 语言编写，是一款开源的深度学习库，支持使用 TensorFlow、Theano 和其他框架作为后端计算框架，用户可以使用更少的代码快速进行实验。与 WordPress 的网站主题类似，Keras 小巧，并且模块化，可以快速启动并运行。但是，与 TensorFlow 和其他库相比，它的灵活性较差。因此，用户首先会用 Keras 验证模型，然后切换到 TensorFlow 上构建更加定制化的模型。

Caffe 也是一款开源深度学习框架，常用于图像分类和图像分割任务。Caffe 是用 C＋＋编写的，但是有 Python 的调用接口，使用英伟达的 cuDNN 可以在 GPU 上进行加速运算。

Torch 于 2002 年发布，在深度学习社区中建立了良好的基础，并在 Facebook、Google、Twitter、纽约大学、IDIAP、普渡大学以及其他公司和研究实验室中广泛使用[8]。Torch 同样是开源的，基于 Lua 语言，并且支持一系列深度学习相关的算法和功能。

Theano 曾经是 TensorFlow 的竞争对手，但截至 2017 年底，官方对该框架的支持已经正式停止。

# 第4章

## 数据清洗

像大多数水果一样，数据集在使用之前需要预先进行清洗和人工操作。"清理"过程适用于机器学习和许多其他数据科学领域，它更正式叫法是数据清洗。

数据清洗是一个技术过程，可以精炼数据集，使其更具可操作性。这涉及修改数据，有时会删除不完整、格式不正确、不相关或重复的数据。有时也会将文本数据转换为数值型数据，并重新设计特征。对于数据从业者而言，数据清洗通常需要耗费大量的时间和精力。

## 4.1 特征选择

要利用数据得到最佳结果，首先必须确定与假设最相关的变量。也就是说要选择用于设计模型的变量。

我们不在模型中创建具有四个特征的四维散点图，而是选择两个高度相关的特征并在二维散点图上展示，因为二维画面更易于解释和可视化。此外，保留与输出值不太相关的特征实际上可能会降低模型的准确性。我们来看看表 4-1 这份从 Kaggle 上摘录的濒危语言数据（https：//www.kaggle.com/the-guardian/extinct-languages）。

表4-1  濒危语言

| 英文名 | 西班牙文名 | 国　　家 | 国家代码 | 使用人数 |
|---|---|---|---|---|
| SouthItalian | Napolitano-calabres | 意大利 | ITA | 7500000 |
| Sicilian | Siciliano | 意大利 | ITA | 5000000 |

（续）

| 英文名 | 西班牙文名 | 国　　家 | 国家代码 | 使用人数 |
| --- | --- | --- | --- | --- |
| Low Saxon | Bajo Sajón | 德国、丹麦、荷兰、波兰、俄罗斯 | DEU, DNK, NLD, POL, RUS | 4800000 |
| Belarusian | Bielorruso | 白俄罗斯、拉脱维亚、立陶宛、波兰、俄罗斯、乌克兰 | BLR, LVA, LTU, POL, RUS, UKR | 4000000 |
| Lombard | Lombardo | 意大利、瑞士 | ITA, CHE | 3500000 |
| Romani | Romaní | 阿尔巴尼亚、德国、奥地利、白俄罗斯、波黑、保加利亚、克罗地亚、爱沙尼亚、芬兰、法国、希腊、匈牙利、意大利、拉脱维亚、立陶宛、北马其顿、荷兰、波兰、罗马尼亚、英国、俄罗斯、斯洛伐克、斯洛文尼亚、瑞士、捷克、土耳其、乌克兰、塞尔维亚、黑山 | ALB, DEU, AUT, BLR, BIH, BGR, HRV, EST, FIN, FRA, GRC, HUN, ITA, LVA, LTU, MKD, NLD, POL, ROM, GBR, RUS, SVK, SVN, CHE, CZE, TUR, UKR, SRB, MNE | 3500000 |
| Yiddish | Yiddish | 以色列 | ISR | 3000000 |
| Gondi | Gondi | 印度 | IND | 2713790 |
| Picard | Picard | 法国 | FRA | 700000 |

假设我们的目标是找出导致语言濒危的变量。基于这一分析目标，一种语言的"西班牙文名"不太可能导致其濒危。因此可以将这个向量（列）从数据中移除。这有助于防止数据过度复杂并避免潜在不准确性，也提高了模型的整体处理速度。

其次，数据集包含的"国家"和"国家代码"这两列属于重复信息。同时分析这两列数据并不会得出更多信息，因此可以将其中一列去掉只保留一列。

另一种减少特征数量的方法是将多个特征融合成一个特征。表4-2列出了在电子商务平台上销售的商品。数据集由四个买家和八种商品组成。由于书本页面空间有限，不便列出更多的买家和商品数据。实际情况下，电子商务平台的数据中会包含很多列，但是为简单起见，还是以下面这张表为例。

表4-2　商品清单

|  | 蛋白质奶昔 | 耐克运动鞋 | 阿迪达斯鞋 | Ftbit | Powerade | 蛋白质棒 | 健身手表 | 维生素 |
|---|---|---|---|---|---|---|---|---|
| 买家1 | 1 | 1 | 0 | 1 | 0 | 5 | 1 | 0 |
| 买家2 | 0 | 0 | 0 | 0 | 0 | 0 | 0 | 1 |
| 买家3 | 3 | 0 | 1 | 0 | 5 | 0 | 0 | 0 |
| 买家4 | 1 | 1 | 0 | 0 | 10 | 1 | 0 | 0 |

为了更有效地分析数据，我们可以通过将类似的特征合并为更少的列来减少列数。例如，我们可以去掉单个商品名称，并用较少数量的类别或子类型替换这八种商品。

由于所有商品都属于"健身"类别，我们可以按商品子类型进行排序，并将列从8个压缩到3个。它们分别是"保健食品""服装"和"电子产品"，见表4-3。

表4-3　合并商品清单

|  | 保健食品 | 服　装 | 电子产品 |
|---|---|---|---|
| 买家1 | 6 | 1 | 2 |
| 买家2 | 1 | 0 | 0 |
| 买家3 | 8 | 1 | 0 |
| 买家4 | 12 | 1 | 0 |

通过这种转换数据的方式，我们可以使用更少的变量来捕获信息。这种转换的缺点是，我们对特定商品之间的关系了解较少。这与根据其他商品为用户推荐商品不同，推荐需要使用到商品子类之间的关联关系。

尽管如此，这种方法仍然保持了高水平的数据相关性。在购买其他保健食品或服装时，会为用户推荐保健食品（取决于相关程度），显然不会推荐机器学习教科书——除非事实证明它们之间有很强的相关性！但遗憾的是，这超出了这个数据集范畴。

数据缩减也需要考虑业务情况，业务管理者和数据科学家团队需要在方便性和模型整体精度之间进行权衡。

## 4.2 行压缩

除了特征选择之外，还可以减少行数，从而减少数据点的总数。可以将两行或多行合并为一行。例如，如表 4-4 所示，"老虎"和"狮子"可以合并起来并重命名为"哺乳动物"。

表 4-4 行合并

| 合并前 | | | | |
| --- | --- | --- | --- | --- |
| 动物 | 是否哺乳 | 腿数目 | 是否危险 | 奔跑时间 |
| 老虎 | 是 | 4 | 是 | 2 分 01 秒 |
| 狮子 | 是 | 4 | 是 | 2 分 05 秒 |
| 乌龟 | 否 | 4 | 否 | 55 分 02 秒 |
| 合并后 | | | | |
| 动物 | 是否哺乳 | 腿数目 | 是否危险 | 奔跑时间 |
| 哺乳动物 | 是 | 4 | 是 | 2 分 03 秒 |
| 乌龟 | 否 | 4 | 否 | 55 分 02 秒 |

但是，合并这两行（"老虎"和"狮子"），这两行的特征值也必须聚合并记录在一行中。在上面的例子里，可以合并这两行，因为它们的特征都具有相同的分类，除了 Y 值（奔跑时间）。但是可以对它们的奔跑时间求平均值。

数值型的列通常容易合并，因为它们不是分类。例如，一只四条腿的动物和一只两条腿的动物是不可能合并的！显然，我们不能将这两种动物合并，并将腿数目平均成 3。

而对于非数值型的列时，行压缩也会有处理难度。例如，"日本"和"阿根廷"的很难融合。而"日本"和"韩国"则可以合并，因为它们属于同一个大陆，"亚洲"或"东亚"。然而，如果我们将"巴基斯坦"和"印度尼西亚"与"日本"和"韩国"合并，我们可能会看到结果出现偏差，因为这四个国家之间存在着显著的文化、宗教、经济等差异。

总之，在保留原始数据真值的同时，合并非数值型和分类型的行可能会有问题。此外，行压缩通常比特征压缩更不容易实现，尤其是数据集具有大量特征的时候。

## 4.3　One-hot 编码

在确定模型使用到的特征和行之后，接下来要考虑的是如何将文本型数据转成数值型数据。比如将文本值转换成真/假（分别为"1"和"0"），大多数算法中是不能使用非数值类型的数据。

一种将文本转成数值的方式是 one-hot 编码，它会将数据转成二值形式，即"1"或"0"——"真"或"假"。"0"表示"假"，意味着一个样本不属于这个特征，而"1"表示"真"，意味着一个样本属于这个特征。

表4-5 摘录了部分濒危语言，我们可以使用它来练习如何进行 one-hot 编码。

表4-5　濒危语言

| 英　文　名 | 使用人数 | 濒危程度 |
| --- | --- | --- |
| South Italian | 7500000 | 轻度 |
| Sicilian | 5000000 | 轻度 |
| Low Saxon | 4800000 | 轻度 |
| Belarusian | 4000000 | 轻度 |
| Lombard | 3500000 | 中度 |
| Romani | 3500000 | 中度 |
| Yiddish | 3000000 | 中度 |
| Gondi | 2713790 | 轻度 |
| Picard | 700000 | 重度 |

首先，注意到"使用人数"中的数值不包含逗号或空格，比如 7,500,000 或 7 500 000。虽然格式化数字能够让人容易阅读，但是在

编程语言中并不需要这么处理。根据编程语言的不同，格式化数字可能导致无效语法或得到意外结果。所以，在编程的时候，记住不要对数字进行格式化。但是在数据可视化的时候，尤其是数字庞大的时候，还是可以添加逗号或空格，来使观众更易阅读。

在表 4-5 的右侧，是这九种语言濒危程度的类别向量。我们可以使用 one-hot 编码将它们转换成数值类型，见表 4-6。

表 4-6　濒危语言 one-hot 编码

| 英　文　名 | 使用人数 | 轻　　度 | 中　　度 | 重　　度 |
|---|---|---|---|---|
| South Italian | 7500000 | 1 | 0 | 0 |
| Sicilian | 5000000 | 1 | 0 | 0 |
| Low Saxon | 4800000 | 1 | 0 | 0 |
| Belarusian | 4000000 | 1 | 0 | 0 |
| Lombard | 3500000 | 0 | 1 | 0 |
| Romani | 3500000 | 0 | 1 | 0 |
| Yiddish | 3000000 | 0 | 1 | 0 |
| Gondi | 2713790 | 1 | 0 | 0 |
| Picard | 700000 | 0 | 0 | 1 |

使用 one-hot 编码之后，数据集列数扩展到了五列，我们从原始特征（"濒危程度"）生成了三个新的特征。并且根据原始特征的值为这三特新特征设置成 "1" 或 "0"。

现在，我们可以将数据输入到模型中，并从更广泛的机器学习算法中进行选择。而这么做的缺点就是产生了更多的特征，因此处理时间会拉长。不过通常情况下这并不会有什么大问题，但是如果原始特征被拆分成非常多的新特征时，可能会出现问题。

一种最小化特征总数的技巧是将列以二值化的形式展现。例如，在 Kaggle 上有一个快速约会的数据集（https://www.kaggle.com/annavictoria/speed-dating-experiment），它在 "性别" 这一特征上使 one-hot 编码，并形成一个列，而不是扩展成 "男性" 和 "女性" 两列。

根据数据集的关键字，女性表示为 "0"，男性表示为 "1"。对于"相同种族"和"是否匹配"也使用同样方法,见表4-7。

表 4-7　快速约会

| ID | 性　别 | 相同种族 | 年龄 | 是否匹配 |
|---|---|---|---|---|
| 1 | 0 | 0 | 27 | 0 |
| 1 | 0 | 0 | 22 | 0 |
| 1 | 0 | 1 | 22 | 1 |
| 1 | 0 | 0 | 23 | 1 |
| 1 | 0 | 0 | 24 | 1 |
| 1 | 0 | 0 | 25 | 0 |
| 1 | 0 | 0 | 30 | 0 |
| | 性别: | 相同种族: | | 是否匹配: |
| | 女性 = 0 | 否 = 0 | | 否 = 0 |
| | 男性 = 1 | 是 = 1 | | 是 = 1 |

## 4.4　分箱

分箱是另一种特征工程方法,用于将数值型数据转换为类别数据。

等等!刚才不是说数值型数据比较好吗?的确如此,在大多数情况下,数值型数据往往是首选的,因为它们可以用于很多算法。但如果是与分析目标无关的情况下,使用数值型数据效果并不理想。

我们以房价评估为例。在评估房价时,网球场的面积可能对评估房价是无关紧要的;而与之相关的信息是房子是否有网球场。这也同样适用于车库和游泳池,是否有车库和游泳池比它们的面积对房价的影响更大。

因此,我们可以采取这种解决方法,将关于网球场数值型的特征转换为有或没有的二值特征,或者"小""中""大"这种类别特征。或者使用 one-hot 编码,将没有网球场的设置为"0",有的设置为"1"。

## 4.5　缺失值

谁都不愿意看到数据出现缺失值。想象一下，在拼图游戏时，发现其中有 5% 的拼块丢失了，是不是很令人沮丧。数据集中出现缺失值也是如此，并且会干扰分析和模型预测。然而我们可以使用一些策略最大限度地减少缺失值带来的影响。

一种方法是使用模式（mode）值来近似缺失值（见图 4-1a）。模式值表示数据集中最常见的变量值。这适用于类别类型和二值类型，比如一星至五星评级系统和药物阳性、阴性测试。

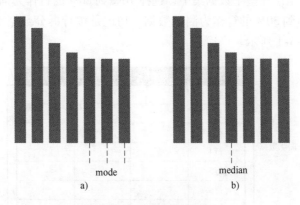

图 4-1　模式值和中值

第二种方法是使用中值（median）来近似缺失值（见图 4-1b），中值采用位于数据集中间的值。这种方式适用于那些具有无限多可能值的连续变量，比如房价。

有时候也可以采取下下策，直接删除有缺失值的行。但这种方法有明显的缺点，就是数据量变少了，因此得到的结果可能不太全面。

# 第5章
## 设置数据

　　在清洗完数据集之后，接下来是将数据拆分为两个部分进行训练和测试，称为拆分验证。训练集和测试集的比例大约为 70/30 或 80/20。也就是说在整个数据集中，选择 70% 到 80% 的行作为训练数据，剩下 20% 到 30% 的行作为测试数据。切记是按行拆分数据而不是按列，如图 5-1 所示。

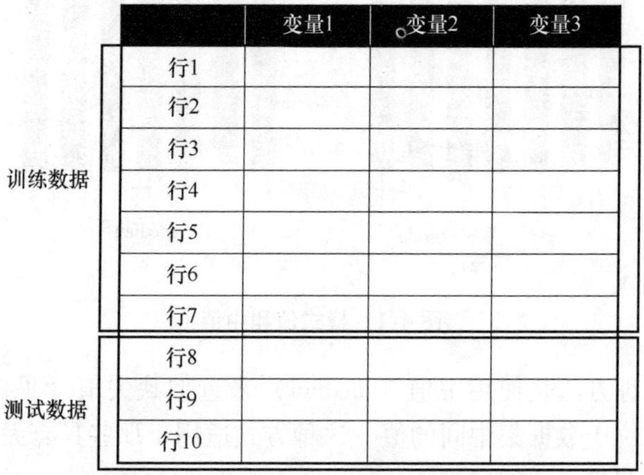

| | | 变量1 | 变量2 | 变量3 |
|---|---|---|---|---|
| 训练数据 | 行1 | | | |
| | 行2 | | | |
| | 行3 | | | |
| | 行4 | | | |
| | 行5 | | | |
| | 行6 | | | |
| | 行7 | | | |
| 测试数据 | 行8 | | | |
| | 行9 | | | |
| | 行10 | | | |

图 5-1　将数据按 70/30 比例分割训练测试集

　　在分割数据之前，必须将数据顺序随机打乱。这能避免模型出现偏差，因为原始数据可能是按字母或者采集时间排序的。除非将数据随机打乱，否则在模型测试的时候会忽略训练数据中显著的方差。幸运的是，在 Scikit-learn 中内置了对数据进行无序处理和随机化的功能，我们将会在第 13 章中进行讲解。

　　在对数据顺序进行随机化处理之后，就可以使用训练数据进行模型训练了。然后先把剩下的 30% 左右的数据放在一边，留着测试模型准确率；切记不能用训练数据中的数据进行模型测试。

在监督学习中，使用训练数据，分析输入数据的特征（$X$）与最终输出（$y$）之间的关系，以此得到一个模型。

接下来就是评估模型的性能好坏。评估模型的性能指标有多种，而选择哪种评估指标应该取决于模型的应用场景。在分类任务中，比如垃圾电子邮件检测系统，可以用到 ROC 曲线下面积（AUC）、log 损失，平均准确率等作为模型的性能评估指标。而对于模型的输出为数值的情况下，比如房价预测，可以使用平均绝对误差和均方根误差（RMSE）来作为评估指标。

在本书中，我们将使用平均绝对误差，它会对每个预测值计算平均误差的差值。在 Scikit-learn 中，将 $X$（特征）传入 model.predict 中得到预测值，并以此得到平均绝对误差。具体做法是找到每条训练数据对应的 $y$ 值，并使用在特征上计算得到的一个预测值。然后 Scikit-learn 比对模型预测值与真实值的差异来计算准确率。当模型在训练和测试数据上的错误率很低时，就可以确定模型是准确的，也就是说模型已经学到了这些数据中的基本趋势和模式。

一旦模型能够准确预测测试数据，它就可以正式使用了。如果模型不能准确预测测试数据，那么首先确认训练和测试数据已经随机打乱。接下来可能需要修改模型的超参数。

每个算法都有超参数，这些就是算法设置。简单来说，这些设置控制和影响模型学习模式的速度以及识别和分析哪些模式。我们将在第 8 章和第 14 章讨论算法的超参数和优化。

## 5.1 交叉验证

虽然拆分验证对于使用现有数据开发模型是有效的，但在使用新数据时，模型是否能够保持准确还有待考究。如果现有的数据集太小，无法构建精确的模型，或者数据的训练/测试拆分不合适，这可能会导致模型在实时数据上预测不准确。

幸运的是，对于这个问题有一个有效的解决方法。也就是交叉验证，而不是将数据分成两个部分（一部分用于训练，另一部分用于测试）。交叉验证将数据拆分成许多个组合，以其中一个组合作为测试数据，其他的为训练数据，最大限度提高训练数据的可用性。

交叉验证主要有两种。第一种是穷举交叉验证，它会查找所有可能的数据组合将原始数据集分成训练集和测试集。另一种更常见的方法是非穷举交叉验证，称为 $K$ 折交叉验证。它将数据分成 $K$ 份，依次使用其中一份作为测试数据，其他的作为训练数据。

为执行 $K$ 折交叉验证，将数据随机分成 $K$ 等份。将其中一份作为测试数据用于评估模型性能，剩余的 $K-1$ 份用来训练模型，如图 5-2 所示。

**图 5-2　$K$ 折交叉验证**

这种交叉验证需要重复 $K$ 次（"折叠"）。在每次折叠时，选取一份作为测试数据，其他的作为训练数据。然后重复上面的过程，直到每一份都被当成过测试数据。最后将结果汇总并组合形成单个模型。

通过将所有可用数据用于训练和测试，$K$ 折交叉验证极大地减少了依赖于固定训练和测试数据而产生的预测误差。

## 5.2 需要多少数据

对于刚开始学习机器学习的学生来说，他们经常问的问题是我需要多少数据来训练模型？一般来说，当训练数据包含一系列特征组合时，机器学习效果最佳。

包含一系列特征组合的数据是什么样的呢？假设有一份关于数据科学家的数据集，包含以下特征：

1）学位（$X$）。

2）5 年以上专业经验（$X$）。

3）子女个数（$X$）。

4）薪水（$y$）。

为了评估前三个特征（$X$）与数据科学家薪水（$y$）之间的关系，我们需要数据集中包含每个特征组合。例如，我们需要收集拥有学位、5 年以上专业经验并且没有子女的数据科学家的薪水数据，此外我们还需要收集拥有学位、5 年以上专业经验并且有子女的数据科学家的薪水数据。

数据集中可用特征组合越多，模型就越能有效地捕获每个属性对 $y$（数据科学家的薪水）的影响。这就确保了在将模型应用于测试数据或实时数据时，模型不会在处理新出现的特征组合时性能低下。

用于训练机器学习模型的数据量最少应该是特征数目的十倍。因此，对于只有 5 个特征的小数据集，训练数据最少应该有 50 条。然而对于具有大量特征的数据集，则需要更多的数据样本，因为随着变量的增加，变量之间的组合呈指数级增长。

要记住的另一点是，相关数据越多越好。更多相关的数据可以覆盖更多的组合，通常有助于确保更准确的模型预测。但是有些情况下，收集所有可能组合的数据是不可能也不划算的，因此我们需要对我们所拥有的数据进行处理。

最后要注意的重点是，需要根据数据量来选择相应的算法。对于样本数少于 10000 的数据集，聚类和降维的效果会比较好，而回归分析和分类算法更适合用在样本数少于 100000 的数据集上。而神经网络需要更多样本才能有效运行，并且对于处理大量数据而言更能节省成本和时间。

Scikit-learn 提供了一份备忘录，详细说明了不同大小数据集情况下，适合使用什么样的算法，网址是：https://scikit-learn.org/stable/tutorial/machine_learning_map/。

下一章我们将讲述机器学习中常用的算法。在必要的时候加入了一些方程，我尽量保持其简单易懂。本书中所讨论的许多机器学习技术已经在编程语言中有对应实例了，因此我们实际使用时不需要自己求解方程。

# 第6章
## 回归分析

回归分析作为机器学习算法界的"Hello World"，是一种简单的监督学习技术，用于寻找描述数据集的最佳趋势线。

我们将研究的第一种回归分析技术是线性回归，它生成一条直线来描述数据集。为了解它的原理，让我们先回顾一下之前的比特币价格数据集，见表6-1。

表6-1　比特币价格数据集

| 日　　期 | 比特币价格/美元 | 经过天数/天 |
|---|---|---|
| 2015年5月19日 | 234.31 | 1 |
| 2016年1月14日 | 431.76 | 240 |
| 2016年7月9日 | 652.14 | 417 |
| 2017年1月15日 | 817.26 | 607 |
| 2017年5月24日 | 2358.96 | 736 |

想象你现在回到了高中时代，在高三这一年，一条新闻标题激起了你对比特币的兴趣。受新奇事物的吸引，你向家人表达了对加密货币的渴望。但是，在你有机会在加密货币兑换市场上出价购买第一个比特币之前，你父亲介入并坚持说，你在冒着丢失一生积蓄的风险之前，先尝试纸上交易。纸上交易是指在不涉及实际资金的情况下，利用模拟手段买卖投资。

在24个月里，你跟踪比特币的价格并定期做记录。你还记录了从你第一次开始纸上交易以来经过的天数。你不想两年后仍然进行纸币交易，但不幸的是，你从未有机会进入加密货币市场。然而你父亲建议你等到比特币跌到自己所能承受的范围内再买进。但事实却不如所愿，比特币价格飙升。

不过，你依旧没有放弃希望，想要有一天在比特币市场上持有份额。为了帮助自己做决策，是应该继续等到价格下跌或是寻找其他的投资类别，于是你将注意力转向了统计分析上。

于是你先到机器学习工具箱中拿出了第一个工具——散点图。然后把 2015 年到 2017 年比特币的价格数据画在上面。这份数据集有三列。但是你没有使用全部的列，而是选择了第二列（比特币价格）和第三列（经过天数）来构建模型并画散点图，如图 6-1 所示。正如我们所知，数值型数据（表 6-1 的第二列和第三列）适合使用散点图来可视化，而不需要任何转换。此外，第一列和第三列包含了相同的"时间"（经过的时间）变量，因此仅仅使用第三列就足够了。

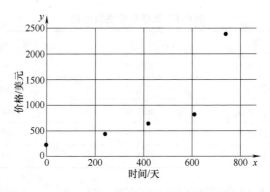

图 6-1　2015 年至 2017 年比特币价格散点图

由于你的目的是估计未来比特币的价格，因此 $y$ 轴用来绘制因变量"比特币价格"。而这里自变量 $X$ 是时间，因此 $x$ 轴用来表示"经过天数"。

绘制散点图之后，可以立即看到从左到右呈曲线形式的趋势，并在第 607 天到第 736 天之间急剧增加。根据曲线向上的轨迹，此时基本可以放弃价格会下跌的想法了。

然而，一个新的想法突然出现在你的脑海中。如果你不等待比特币价格下跌到你能承受的水平，而是从朋友那里借钱，在 736 天买进比特币，那会怎么样呢？然后，当比特币价格进一步上升时，你就可以把借来的钱还给朋友，并继续用你还持有的比特币赚取货币升值。

为了评估从你朋友那里借钱是否值得，你首先需要估计一下如果比特币升值自己能赚多少钱。然后你需要弄清楚投资回报率（Return On Investment，ROI）是否足以在短期内偿还你的朋友。

现在是时候到工具箱的第三个部分寻找算法了。如前所述，机器学习中最简单的算法之一是回归分析，它用于确定变量之间关系的强度。

回归分析有很多种形式，包括线性、逻辑、非线性和多线性，但是让我们先看一下线性回归，这是最容易理解的。

线性回归会在散点图上找到一条分割数据点效果最好的直线，如图 6-2 所示。它的目的是找到一条回归直线，使得散点图上的数据点到这条直线的距离总和最小。也就是说，在每个点上绘制一条到回归直线的垂直线（夹角为 90°），回归线的最小可能距离等于每个点到这条线距离之和。

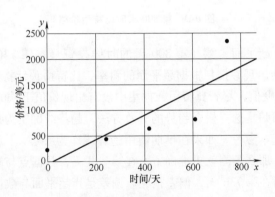

图 6-2 线性回归线

图 6-2 中绘制了一条线性回归线。用术语来说是超平面，你会在学习机器学习的整个过程中经常使用这个术语。超平面实际上是一条趋势线，在 GoogleSheets 中，散点图自定义菜单中的线性回归就是这么命名的。

回归中另一个重要特征是斜率，它可以通过超平面方便地计算出来。当一个变量增加时，另一个变量也会随之增加，增加的值等于超平面对应位置处的平均值。因此，这个斜率在公式化预测中非常有用。

例如，你想知道在第 800 天的时候比特币的价格，因此可以在 $x$ 轴上找到坐标 800，然后再通过超平面的斜率得到对应的 $y$ 值。在图 6-3 中，$y$ 值为 1850。

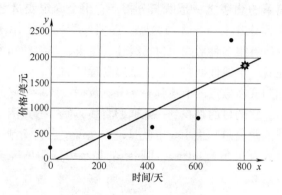

图 6-3  第 800 天时比特币价格

图中，超平面预测在第 800 天的时候投资（在第 736 天之后买入）的话会出现亏损！根据超平面的斜率，比特币预计将在 736 天到 800 天之间贬值，尽管比特币数据集中没有出现价值下跌的先例。

线性回归是选择投资趋势的有效方法，趋势线确实为预测未来提供了一些基本参考。如果在早期使用趋势线作为参考，比如在第 240 天的时候，那么预测就更准确了。在第 240 天，数据点与超平面的偏差很小，而在第 736 天，偏差很大。偏差是指超平面与数据点之间的距离，如图 6-4 所示。

一般来说，数据点越接近回归线，超平面的预测就越准确。如果数据点和回归线之间存在较大偏差，则斜率的预测就不会太准确。根据第 736 天的数据点进行预测，偏差较大，导致准确率低。事实上，第 736 天的数据点构成了一个离群值，因为它没有遵循与前四个数据点相同的总体趋势。更重要的是，作为一个离群值，它的 $y$ 值很大，

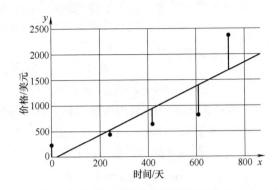

图 6-4 数据点到超平面的距离

放大了超平面的轨迹。除非未来的数据点与离群值数据点的 $y$ 值成比例，否则模型的预测精度将受到影响。

## 6.1 计算示例

虽然编程语言会自动处理计算问题，但是了解如何计算线性回归还是很有用的。

我们将使用表 6-2 中的数据集和公式来完成这个线性回归的练习。

表 6-2 示例数据集

|  | $x$ | $y$ | $xy$ | $x^2$ |
|---|---|---|---|---|
| 1 | 1 | 3 | 3 | 1 |
| 2 | 2 | 4 | 8 | 4 |
| 3 | 1 | 2 | 2 | 1 |
| 4 | 4 | 7 | 28 | 16 |
| 5 | 3 | 5 | 15 | 9 |
| $\Sigma$（总和） | 11 | 21 | 56 | 31 |

表的最后两列不是原始数据集的一部分，为方便参考而添加进去，以完成下列公式。

$$a = \frac{(\sum y)(\sum x^2) - (\sum x)(\sum xy)}{n(\sum x^2) - (\sum x)^2}$$

$$b = \frac{n(\sum xy) - (\sum x)(\sum y)}{n(\sum x^2) - (\sum x)^2}$$

$$\sum y = 3 + 4 + 2 + 7 + 5 = 21$$

$$\sum x = 1 + 2 + 1 + 4 + 3 = 11$$

$$\sum x^2 = 1 + 4 + 1 + 16 + 9 = 31$$

$$\sum xy = 3 + 8 + 2 + 28 + 15 = 56$$

$n = $ 所有行数。在本例中 $n = 5$。

$a$ 与 $b$ 的计算如下：

$$a = \frac{(\sum y)(\sum x^2) - (\sum x)(\sum xy)}{n(\sum x^2) - (\sum x)^2} \qquad a = \frac{21 \times 31 - 11 \times 56}{5 \times 31 - 11^2}$$

$$b = \frac{n(\sum xy) - (\sum x)(\sum y)}{n(\sum x^2) - (\sum x)^2} \qquad b = \frac{5 \times 56 - 11 \times 21}{5 \times 31 - 11^2}$$

$$
\begin{aligned}
a &= (21 \times 31 - 11 \times 56)/(5 \times 31 - 121) \\
&= (651 - 616)/(155 - 121) \\
&= 35/34 \\
&= 1.029
\end{aligned}
$$

$$
\begin{aligned}
b &= (5 \times 56 - 11 \times 21)/(5 \times 31 - 121) \\
&= (280 - 231)/(155 - 121) \\
&= 49/34 \\
&= 1.441
\end{aligned}
$$

将 $a$ 和 $b$ 的值代入线性方程。

$$y = bx + a$$

$$y = 1.441x + 1.029$$

根据这个方程绘制超平面，如图 6-5 所示。

我们现在来测试一下这条回归线，当 $x = 2$ 时有：

$$y = 1.441x + 1.029$$

$$y = 1.441 \times 2 + 1.029$$

$$y = 3.911$$

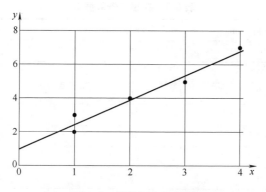

图 6-5 线性回归超平面

在本例中，预测结果与实际结果 4.0 非常接近。

## 6.2 逻辑回归

我们已经知道，线性回归是量化连续变量之间关系的一种有用方法。比如价格和天数都是连续变量，因为它们的取值有无限多个，包括任意接近的值，比如 5000 和 5001。而离散变量的取值数量是有限的，例如 10 美元、20 美元、50 美元和 100 美元的纸币。美国雕刻印刷局不印制 13 美元或 24 美元的钞票。因此面额有限的纸币属于离散变量。

预测离散变量是数据分析和机器学习的重要组成部分。比如一个物体是属于"A"还是"B"？属于"正类"还是"负类"？此人是"潜在客户"还是"非潜在客户"？与线性回归不同，因变量（$y$）不再是一个连续变量（如价格），而是一个离散的类别变量。作为预测因变量输入的自变量可以是类别变量，也可以是连续变量。

我们可以尝试使用线性回归对离散变量进行分类，但是我们很快就会遇到障碍，我们现在来说说为什么。

以表 6-3 为例，我们可以在散点图上绘制前两列（每天上网时长和年龄），因为这两列都是连续变量。

表 6-3　在线广告数据集

| 每天上网时长/min | 年龄 | 点击广告 |
|---|---|---|
| 68. 95 | 35 | 否 |
| 80. 23 | 31 | 否 |
| 69. 47 | 26 | 否 |
| 74. 15 | 29 | 否 |
| 50 | 40 | 是 |
| 55. 5 | 45 | 是 |
| 80. 0 | 28 | 否 |
| 70. 5 | 31 | 否 |

　　然而，难点在于第三列（点击广告），它是一个离散变量。虽然我们可以使用"0"（否）和"1"（是）将点击广告的值转换为数字形式，但类别变量与连续变量不兼容，无法实现线性回归。如图6-6所示，$y$轴表示的是因变量点击广告，$x$轴表示的是自变量每天上网时长。

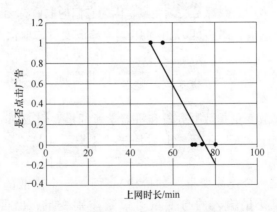

图 6-6　每天上网时长与是否点击广告

　　在绘制了线性回归超平面后，我们无法使用每日上网时长来预测是否点击广告。与两个连续变量不同的是，对于离散变量，我们分析不出它们之间的线性关系，因此也预测不出是否会点击广告。

　　因此我们不量化变量之间的线性关系，而是使用逻辑回归等分类技术对离散变量进行分类。这种特殊的技术通常用于预测两个离散的类别，例如怀孕或未怀孕。鉴于逻辑回归在二分类中的优势，它被用于许多领域，包括欺诈检测、疾病诊断、紧急检测、贷款违约检测，或通过识别特定类别（如非垃圾邮件和垃圾邮件）来识别垃圾邮件。

使用 sigmoid 函数，逻辑回归使用自变量（$x$）得出离散因变量（$y$）的概率，如"垃圾邮件"或"非垃圾邮件"。

$$y = \frac{1}{1 + e^{-x}}$$

其中，$x$ 为要转换的自变量，e 为欧拉常数，值为 2.718。sigmoid 函数形状如图 6-7 所示：

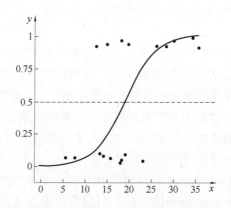

图 6-7 **sigmoid 函数分类数据点**

sigmoid 函数是一条 S 形曲线，它可以将任何数字映射为 0 到 1 之间的数值，但不会达到 0 或 1。使用前文给出公式，sigmoid 函数将自变量转换为与因变量相关的 0 到 1 之间的概率表达式。在二分类情况下，0 表示不可能发生，1 表示一定会发生。位于 0 和 1 之间的值的概率程度可以根据它们与 0（不可能）或 1（一定会）的距离来确定。

根据因变量出现概率，逻辑回归将每个数据点分配给一个离散类。对于二分类（见图 6-7），分类数据点的截止线为 0.5。记录值大于 0.5 的数据点分类为 A 类，小于 0.5 的数据点分类为 B 类。值为 0.5 的数据点是不可分类的，但由于 sigmoid 函数的数学本质，这种情况很少出现。

如图 6-8 所示，所有数据点随后被分成两个离散类。

虽然逻辑回归与线性回归有相似之处，但是它们的超平面位置和作用是明显不同的。与线性回归一样，逻辑回归试图最小化数据点和超平面之间的距离，但它是将数据划分成类来达到距离最小化目的。使用一种称为最大似然估计

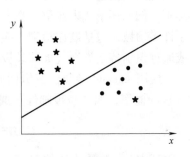

图 6-8　逻辑回归分类

（MLE）的技术，逻辑超平面充当分类边界而不是线性回归中的预测趋势线。

逻辑回归和线性回归的第二个区别是，在逻辑回归中，因变量（$y$）不在 $y$ 轴上表示。在逻辑回归二分类情况下，自变量可以沿两个轴绘制，自变量的输出由数据点相对于超平面的位置决定。超平面一侧的数据点分类为 A 类，而超平面另一侧的数据点分类为 B 类。

与前文我们讲述线性回归一样，为了避免陷入复杂的数学公式，我们将绕过如何计算并绘制逻辑超平面。

在 Scikit- learn 中，我们可以只用一行代码就能使用逻辑回归：LogReg = LogisticRegression( )。我们只需要指定自变量和要分类的因变量。对于二分类情况，函数会生成"0"或"1"的输出。

对于两类以上的多分类场景，我们改用图 6-9 所示的多项式逻辑回归进行分类。

与逻辑回归类似，多项式逻辑回归在逻辑回归基础上做了推广，用来解决两类以上的多类问题。比如对于单身、已婚和离异这种多个离散值，就能用多项式逻辑回归。

在使用逻辑回归时需要记住两点，一是数据集中不能出现缺失值，二是所有变量都应该相互独立。此外，每个类的数据量应该充足以保证高准确率。每个类的数据至少要有 30 到 50 条，对二分类来说总数据量就是 60 到 100 条。

如果你想了解更多关于逻辑回归的数学基础，可以到 YouTube 上

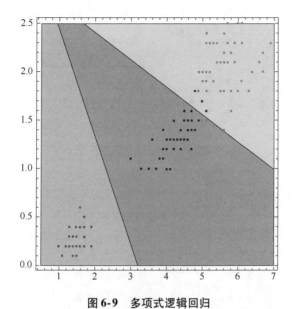

图 6-9　多项式逻辑回归

观看 Brandon Foltz 的逻辑回归系列视频。[9] 如果想要了解 Python 中逻辑回归的具体实现细节，可以参阅 Scikit-learn 的文档。[10]

## 6.3　支持向量机

支持向量机（SVM）作为一种高级的回归分类，与逻辑回归相似，但条件更为严格。因此，支持向量机在生成分类边界线方面更具优势。

让我们来研究一下实际情况。如图 6-10 所示，散点图上有 17 个线性可分的数据点。逻辑超平面（A）将数据点分成两类，使得数据点到超平面的距离总和最小。第二条线，即 SVM 超平面（B），同样将两类分开，但是却保证两个类到超平面的距离最大。

图 6-10 中还有个灰色区域，它表示边距（margin），即两倍的超平面和最近数据点之间的距离。边距是支持向量机的一个重要特性，它能处理能使逻辑回归超平面出现分类错误数据点。为说明这种情况，我们在上面的散点图上加上一个新的数据点，如图 6-11 所示。

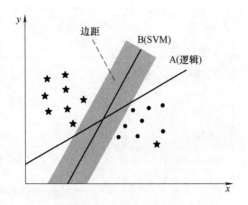

图 6-10   逻辑回归与 SVM

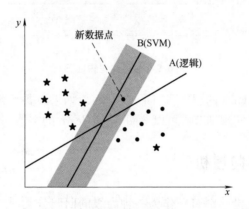

图 6-11   散点图上加入新数据点

新数据点的形状是个圆，但它错误地位于逻辑回归超平面的左侧（星形类）。而它仍然正确地位于 SVM 超平面的右侧（圆形类），这是由于边距提供了足够的"支持"。

对于减少异常点带来的影响方面，SVM 也十分有用。标准的逻辑回归在处理异常点的时候有局限性，如图 6-12 所示，右下角的星形数据点就是一个异常点。然而，SVM 对这种数据点的敏感度较低，它能够将异常点对分类边界最终位置的影响降至最低。在图 6-12 中，我们可以看到 B 线（SVM 超平面）对右侧的异常星形点不太敏感。

因此，支持向量机可以用来处理有异常点的情况。

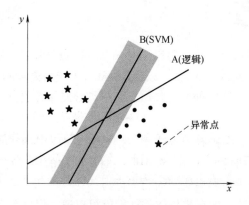

图 6-12    SVM 减轻异常点的影响

目前为止，我们讲述的例子都只包含两个特征，这些特征绘制在二维散点图上。然而，支持向量机的真正优势在于处理高维数据和多种特征。SVM 有许多可用于分类高维数据的变体，称为"核"，包括线性 SVC（见图 6-13）、多项式 SVC 和核技巧。核技巧是一种高级方法，它将数据从低维映射到高维。如图 6-13 所示，将数据从二维空间转换到三维空间，我们可以使用一个线性平面来分割三维空间中的数据。

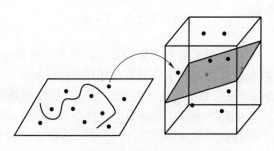

图 6-13    线性 SVC

换句话说，使用核技巧，我们可以使用线性分类技术来分类具有非线性特征的数据；三维平面在三维空间中的数据点之间形成一种线性分隔，当投影到二维空间时，就在这些点之间形成非线性分隔。

# 第 7 章

## 聚类

分析信息的一种有用方法是识别数据集中具有相似属性的数据。例如，一家公司可能会对一年中同一时间购物的一些客户进行分析，并了解哪些因素会影响他们的购买行为。

通过了解特定的客户群体，他们就可以通过促销和个性化的产品向客户群推荐产品。除了市场研究之外，聚类还可以应用于各种其他场景，包括模式识别、欺诈检测和图像处理。

聚类分析既属于监督学习，又属于非监督学习。当作为监督学习技术时，聚类通过 $k$ 近邻（$k$-NN）将新的数据点分类为已有的簇；当作为非监督学习技术时，聚类通过 $k$ 均值聚类来识别离散的数据簇。尽管还有其他形式的聚类技术，但这两种算法在机器学习和数据挖掘中通常都是最流行的。

## 7.1 $k$ 近邻

$k$ 近邻（$k$-NN）是最简单的聚类算法，它是一种监督学习技术，用于根据新数据点与附近数据点的关系对其进行分类。

$k$-NN 类似于投票系统或人气竞赛。想象一位学校里的新生，根据离得最近的五个同学选择一组同学进行社交。在这五个同学中，三个是极客，一个是滑冰运动员，一个是体育爱好者。根据 $k$-NN 原理，你可以选择和极客一起玩，因为他们在人数上更占优势。

现在我们来看另一个例子。

如图 7-1 所示，散点图使我们能够计算任意两个数据点之间的距离。其中的数据点被分为两个聚类。接下来，在图中添加一个类别未知的新数据点。我们可以根据新数据点与现有数据点的关系来预测其类别。

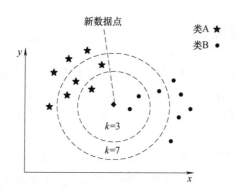

图 7-1 $k$-NN 分类新数据

首先，我们必须设置"$k$"来确定我们希望指定多少个数据点来对新数据点进行分类。如果将 $k$ 设置为 3，则 $k$-NN 将分析新数据点与三个最近的数据点（邻居）之间的关系。最近的三个数据点中有两个属于 B 类，一个属于 A 类。由于定义了 $k$ 为 3，因此模型将新数据预测为 B 类，因为在最近的三个数据点中有两个属于 B 类。

由 $k$ 定义的所选邻居数量对于预测结果至关重要。在图 7-1 中，可以看到分类结果的变化取决于 $k$ 是被设置为"3"还是"7"。因此，通常测试多个 $k$ 值组合来找到最佳组合，并避免将 $k$ 设置得太低或太高。将 $k$ 设置为奇数也能有效避免出现两类数据点对半分的情况。在 Scikit-learn 中，$k$ 的默认值为 5。

虽然一般来说，$k$-NN 是一种准确而简单的学习技术，但是必须存储整个数据集，并且要计算每个新数据点与所有现有数据点之间的距离，以致非常消耗计算资源。因此，通常不建议在大型数据集上使用 $k$-NN。

$k$-NN 的另一个潜在缺陷是不太适合用在具有多个特征的高维数据（三维和四维）上。计算三维或四维空间中多个数据点之间的距离非常消耗计算资源，并且分类不会十分准确。

常常通过降维算法，比如主成分分析（PCA）或合并特征来减少维度总数，从而简化数据，然后供 $k$-NN 使用。

## 7.2　$k$ 均值聚类

作为一种流行的非监督学习算法，$k$ 均值聚类试图将数据分为 $k$ 个离散的组，并有效揭示了数据的基本模式。比如区分动物物种，寻找具有类似特征的顾客，细分住房市场，这些都是在挖掘数据的潜在特征而进行分组。

$k$ 均值聚类算法的工作原理是，首先将数据分成 $k$ 个簇，$k$ 表示你希望将数据最终分成多少簇，如果你想将数据分成 3 个簇，那么将 $k$ 设置为 3。

在图 7-2 中，我们可以看到，原始数据已经被转化为 3 个簇（$k = 3$）。如果我们将 $k$ 设置为 4，则会从数据集中衍生出一个额外的簇，从而产生 4 个簇。

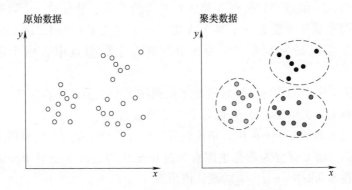

**图 7-2　原始数据与 $k$ 均值聚类后的数据**

那么 $k$ 均值聚类是如何分离数据点的呢？第一步是检查原始数据，并为每一个簇选择一个簇心。一个簇心就是一个簇的中心。

可以随机选择簇心，也就是说可以将散点图上的任意数据点作为簇心。但是为了节省聚类的时间，可以选择比较分散的点作为簇心，而不选择相邻的距离较近的数据点。换句话说，就是在为每个簇选择簇心的时候，可以猜测簇心可能位于哪些位置，然后选取这些位置上的点作为簇心。在选择好每个簇的簇心之后，将散点图上的其他点分配到最近的一个簇心所在的簇里去，通过计算这些点与簇心的欧几里得距离来判断远近，如图7-3所示。

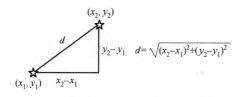

$$d = \sqrt{(x_2-x_1)^2+(y_2-y_1)^2}$$

图7-3 计算欧几里得距离

　　每一个数据点只能分配到一个簇中，并且每个簇都是离散的。也就是说簇与簇之间不会有重叠，更不会出现簇包裹另一个簇的情况。此外，所有数据点，包括异常点，都被分配给一个簇心，而不管它们如何影响最终簇的形状。然而根据统计学原理，如果将一个簇心附近的点聚集在一起，那么最终簇的形状通常会是椭圆形或球形，如图7-4所示。

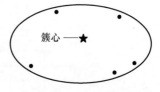

图7-4 椭圆形簇

　　当所有数据点都被分配到一个簇心之后，将这些数据点在每个簇内的均值进行汇总，可以通过计算每个簇内数据点 $x$ 和 $y$ 的均值得到。

　　然后将每个簇中计算出的 $x$ 和 $y$ 的均值作为新的簇心坐标。这可能会改变以前簇心的位置，但簇的总数则不会变，因为这并没有创建新的簇，而只是改变了它们在散点图上的位置。像人员更迭流动一样，剩下的点被分配到最近的簇心，并形成 $k$ 个簇。如果随着簇心的变化，散点图上数据点所属的簇也在变化，那么重复上述步骤。也就是再次计算每个簇内数据点的均值，然后更新簇心的 $x$ 和 $y$ 坐标，以反映簇中数据点的平均坐标。

　　最后当更新簇心而数据点所属的簇不再发生变化的时候，算法执行完毕，并得到最终的簇。

　　表7-1是一个 $k$ 均值聚类的示例。数据集中有7种不同品牌的啤酒，每条数据包含两个变量：批发价和零售价。

表 7-1　每种啤酒的批发价和零售价

| 品　　牌 | 批　发　价 | 零　售　价 |
|---|---|---|
| A | 1 | 2 |
| B | 3 | 5 |
| C | 5 | 6 |
| D | 5 | 7 |
| E | 2.5 | 3.5 |
| F | 5 | 8 |
| G | 3 | 4 |

　　**步骤 1**：首先我们在散点图上画出这个数据集，如图 7-5 所示。

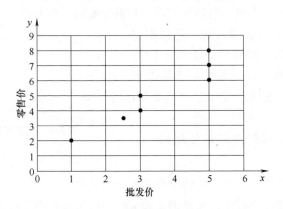

图 7-5　散点图上的数据集样本

　　图 7-5 中，散点图上的每个数据点代表一个啤酒品牌，$x$ 轴代表批发价，$y$ 轴代表零售价，则其中任意一个数据点 $M$ 可以表示为 $M(x, y)$。

　　**步骤 2**：将 $k$ 设置为 2，会将数据拆分为两个簇。为了创建两个簇，我们指定两个数据点作为簇心。你可以把一个簇心想象成是一个团队的领导人。然后，其他数据点根据它们在散点图上的位置向最近的簇心报告。

　　簇心可以随机选择，在这个例子中，我们指定了数据点 A(1，2) 和 D(5，7) 作为两个簇心。用黑色圆圈在散点图上表示这两个簇心，如图 7-6 所示。

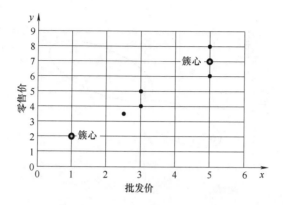

图 7-6 选择两个数据点作为簇心

**步骤 3**：剩余的数据点被分配给最近的簇心，见表 7-2。

表 7-2 簇 1 和簇 2 簇心坐标

| 簇 1 | | 簇 2 | |
| --- | --- | --- | --- |
| 品　牌 | 平　均　值 | 品　　牌 | 平　均　值 |
| A * (1,2) | (1.0,2.0) | D * (5,7) | (5.0,7.0) |
| | | B(3,5) | (4.0,6.0) |
| | | C(5,6) | (4.33,6.0) |
| E(2.5,3.5) | (1.75,2.75) | | |
| | | F(5,8) | (4.5,6.5) |
| G(3,4) | (2.17,3.2) | | |
| A,E,G | (2.17,3.2) | D,B,C,F | (4.5,6.5) |

　　簇 1 由数据点 A、E、G 组成，则它们 $x$，$y$ 坐标的平均值对应的点为（2.17,3.2）。簇 2 由数据点 B、C、D、F 组成，它们 $x$，$y$ 坐标的平均值对应的点为（4.5,6.5）。在图 7-7 中，散点图上画出了两个簇以及对应的簇心，使用除簇心外的所有点，计算它们到簇心的欧几里得距离后，形成了两个簇。

　　**步骤 4**：我们现在使用上一步计算得出的平均值来更新两个簇心的位置。簇 1 的新簇心位置是（2.17,3.2）。簇 2 的新簇心位置为

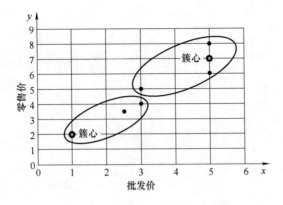

**图7-7 计算数据点到簇心的距离**

(4.5,6.5)。如图7-8所示,每个簇的簇心坐标更新反映了簇内数据点对应坐标的平均值。由于一个数据点从右边的簇归属到左边的簇内,因此这两个簇的簇心坐标都需要更新。

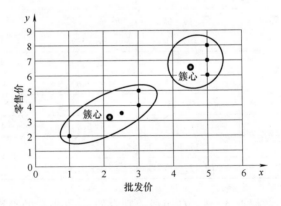

**图7-8 更新簇心坐标**

**步骤5**:接下来,需要检查每个数据点是否还属于更新后的簇心所表示的簇内。立刻可以发现一个数据点已经切换到另一侧,并归属到了另外的簇!这个数据点是 B(3,5)。

因此,我们需要重新更新每个簇的平均值,因为数据点 B 现在被分配给簇1而不再属于簇2,见表7-3。

表 7-3　簇 1 和簇 2 的簇心坐标更新

| 簇1 | | | 簇2 | | |
|---|---|---|---|---|---|
| | x 值 | y 值 | | x 值 | y 值 |
| A | 1 | 2 | C | 5 | 6 |
| B | 3 | 5 | D | 5 | 7 |
| E | 2.5 | 3.5 | F | 5 | 8 |
| G | 3 | 4 | | | |
| 平均值 | 2.4 | 3.5 | 平均值 | 5.0 | 7.0 |

簇 1 现在包含数据点 A、B、E、G，更新后的簇心位置是（2.4，3.5）。簇 2 现在包含数据点 C、D、F，更新后的簇心位置是（5.0,7.0）。

**步骤 6**：现在我们将更新后的簇心画在散点图上，如图 7-9 所示。你可能会注意到图上少了一个数据点，这是因为簇 2 的新簇心与数据点 D（5,7）重叠了，并不是被删除了。

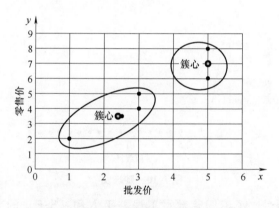

图 7-9　根据每个簇的新簇心最终形成两个簇

在本次迭代中，每个单独的数据点都还在原本的簇内，并且没有数据点被分配到其他簇。因此能够得到最终结果是：簇 1 包含 A、B、E、G 4 种品牌，簇 2 包含 C、D、F 3 种品牌。

在这个例子中，只需要用两次迭代就能成功地得出两个簇。然而，$k$ 均值聚类并不总是能够可靠地识别聚类的最终组合。在这种情况下，就需要转换策略并使用另外的算法来制定分类模型。

## 7.3 设置 $k$ 值

当为 $k$ 均值聚类设置 "$k$" 时，找到正确的聚类数是很重要的。一般来说，随着 $k$ 的增加，簇变小，方差下降。但缺点是，随着 $k$ 的增加，相邻的簇之间的区别会越来越小。

如果将 $k$ 设置为数据点数量，则每个数据点都会自动成为独立的簇。相反，如果将 $k$ 设置为 1，则所有数据点都将被视为是同质性的，并落在一个大型簇中。

不用说，这两个极端的 $k$ 值都不能提供任何有价值的分析结果。

为了选择最优的 $k$ 值，可以使用陡坡图作为引导。如图 7-10 所示，陡坡图描述了随着簇数目的增加，簇内部数据点的发散程度（方差）。陡坡图以其标志性的"肘部"而闻名，它能反映曲线上明显的拐点位置。

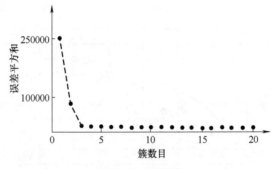

**图 7-10　陡坡图**

陡坡图对比了不同簇数目下误差平方和（SSE）的变化情况。SSE 表示的是簇内数据点到簇心距离的平方和。简而言之，随着簇的增加，SSE 会下降。

这就引发了一个问题，簇的最佳数目是多少？一般来说可以这么选择，最佳数目的左边，SSE 显著下降，而右边变化不大。例如，在图 7-10 中，簇数目 $\geq$ 6 对 SSE 的影响很小。这将导致簇规模较小且难以区分彼此。

在图 7-10 中，簇的最佳数目可以是 2 或 3，因为在它们左边 SSE

显著下降，并出现显著的拐点。与此同时，当簇的数目为 3 时，相对于两个簇来说，它们之间的 SSE 变化还是比较明显。因此这两种取值方式产生的簇内数据性质是不同的，会对数据分类产生影响。

另外一种更简单的设置 $k$ 值的方式是使用领域知识，而非数学方法。例如，如果我来分析某个主要 IT 提供商网站访问者的数据，我可能会把 $k$ 设置成 2。为什么是两个簇呢？因为我已经知道新老客户在消费行为上可能会存在显著差异。新客户很少购买企业级的 IT 产品和服务，因为这些客户通常在采购获得批准之前会经历一个漫长的研究和审查过程。

因此，我可以使用 $k$ 均值聚类来创建两个簇，并检验我的假设。在生成两个簇之后，我可能想进一步检验其中一个簇，要么应用其他技术，要么再次使用 $k$ 均值聚类。例如，我可能会将老客户簇再分成两个簇（使用 $k$ 均值聚类），来检验我的假设，即移动端用户和 PC 端用户能产生两组不同的数据点。同样，通过应用领域知识，我知道大型企业在移动设备上进行高价购买是很少见的。不过，我还是希望创建一个机器学习模型来测试这个假设。

但是，如果我正在分析的是一个低价商品的产品页面，比如一个售价 4.99 美元的域名，那么新老客户则不太可能会形成两个不同的簇。由于商品价格较低，新客户在购买前不太可能深思熟虑。相反，我可能会根据三种主要因素（有机流量、付费流量和电子邮件营销）。将 $k$ 设置为 3，这三种主要因素可能会产生三个离散的簇，因为：

1）有机流量通常包括新老客户，他们都有从网站上购买的坚定意愿。经过了预先选择，例如口碑、以前的客户体验。

2）付费流量针对的是新客户，他们通常是以比有机流量更低的信任度进入网站的，包括误点开了付费广告的潜在客户。

3）电子邮件营销针对的是现有客户，他们已经购买过商品，并已建立和验证了用户账号。

这是根据我的职业而列举的使用领域知识设置 $k$ 值的例子，但要注意，当簇数量很多时，"领域知识"的效果会显著降低。换言之，领域知识可能足以确定 2 ~ 4 个簇，但在更大数量的簇（如 20 或 21 个簇）之间进行选择时，则价值不高。

# 第 8 章

## 偏差和方差

算法选择是理解数据模式的重要步骤，但是设计一个能够准确预测新数据点的通用模型可能是一项具有挑战性的任务。事实上，每种算法都可以根据所提供的超参数生成截然不同的预测模型，这也可能导致无数种可能的结果。

快速回顾一下，超参数是算法的设置，类似于飞机仪表板上的控件或用于调整射频的旋钮，而不同的是，超参数是代码，如图 8-1 所示。

```
model = ensemble.GradientBoostingRegressor(
    n_estimators=150,
    learning_rate=0.1,
    max_depth=4,
    min_samples_split=4,
    min_samples_leaf=4,
    max_features=0.5,
    loss='huber'
)
```

图 8-1  Python 中梯度提升算法的超参数示例

机器学习中经常遇到的问题是欠拟合和过拟合，它们描述了模型与实际数据模式的紧密程度。要理解欠拟合和过拟合，首先必须理解偏差和方差。

偏差是指模型预测值与数据实际值之间的差距。在高偏差的情况下，模型的预测可能会偏离实际值所在的方向。方差描述了预测值彼此之间的分散程度。如图 8-2 所示，以射击靶为例，可以更好地理解偏差和方差。

图 8-2 中的射击靶并不是机器学习中的可视化技术，但是可以通

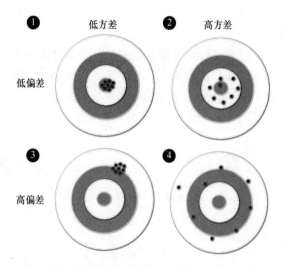

图 8-2 偏差与方差

过它来解释什么是偏差什么是方差。

假设目标的中心，或者靶心，完美地预测了数据的正确值。标记在目标上的圆点表示基于所提供的训练或测试数据，模型做出的预测。在某些情况下，圆点将密集地位于在靶心附近，以确保模型所做的预测与数据的实际模式和值接近。在其他情况下，模型的预测将更加分散在标靶上。预测越偏离靶心，偏差越大，模型根据数据做出准确预测的可靠性就越低。

在第一个标靶上，我们可以看到存在低偏差和低方差。偏差很低，是因为模型的预测与中心紧密对齐，而方差很低，是因为预测紧密集中在一个位置。

在第二个标靶（右上角）上，我们可以看到存在低偏差高方差。虽然这些预测并不像前面那样接近靶心，但它们仍然接近中心，因此偏差相对较低。然而，这次存在高方差，因为预测是相互分散的。

在第三个标靶（左下角）上，表示的是高偏差和低方差，第四个标靶（右下角）表示的高偏差和高方差。

理想情况下，我们希望找到一种既有低方差又有低偏差的方法。然而，在现实中，我们往往需要在最优偏差和最优方差之间做出权衡。偏差和方差都会产生误差，但是我们想要最小化预测误差，而不是偏差或方差。

像第一次学习骑自行车一样，找到最佳平衡常常是机器学习中最具挑战性的任务。在数据上使用算法建立模型很容易，困难的地方是权衡偏差和方差，同时又要保持模型效果不会太差。

让我们通过图 8-3 来探讨这个问题。

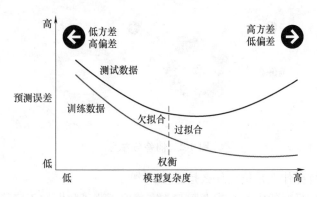

图 8-3 预测误差与模型复杂度

在图 8-3 中，我们可以看到有两条曲线。上面的曲线表示测试数据，下面的曲线表示训练数据。从左边看，由于低方差和高偏差，这两条曲线开始的时候预测误差都比较高。当它们向右移动时，则变成了高方差和低偏差。训练数据上的预测误差比较小，而测试数据上的预测误差比较高。在图中间是训练和测试数据预测误差之间的最佳平衡点。图 8-3 展示了一种典型的偏差-方差权衡的案例。

在偏差和方差之间没有处理好的话就会导致糟糕的结果。如图 8-4 所示，要么模型过于简单而不灵活（欠拟合），要么模型过于复杂而太灵活（过拟合）。

图 8-4 中左图为欠拟合（低方差，高偏差），右图为过拟合（高方差，低偏差）。在建模的时候经常会忍不住要建立复杂的模型来提高准确率，但模型过于复杂就会导致过拟合。过拟合的模型在训练数据上能够得到较高的准确率，但是在测试数据上准确率较低。如果训练和测试数据在分割之前没有随机打乱，并且数据中的模式没有在两

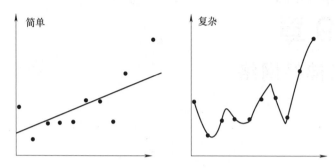

图 8-4　欠拟合与过拟合

个数据段中均匀分布，也可能发生过拟合。

模型过于简单的时候就会出现欠拟合现象，并且没有发掘出数据内部的模式。这可能导致在训练数据和测试数据上都得不到准确的预测。训练数据不足，无法充分涵盖所有可能的组合，或者训练和测试数据没有经过适当随机化，都可能造成欠拟合。

为了避免欠拟合和过拟合，可能需要调整模型的超参数，使得它们能够拟合训练和测试数据的内在模式，而不仅仅是其中之一。最佳拟合应该是能识别到数据的显著趋势，并且淡化甚至最低化方差带来的影响。我们可以重新随机化训练和测试数据，增加新数据，以便更好地检测基础模式，或者换用其他算法来权衡偏差和方差。

具体来说，可以将线性回归换成非线性回归，通过增加方差来减少偏差。比如对于 $k$-NN，可以增加"$k$"的数目来最小化方差（形成更多的簇来减少平均方差）。或者对于树模型，可以从单棵决策树（容易过拟合）换成由许多树组成的随机森林来减少方差。

另外一种防止过拟合和欠拟合的策略是引入正则化。随着模型复杂性的增加，正则化会对此进行惩罚，并人为增加偏差。实际上，在优化原始参数时，正则化参数能抑制高方差出现。

还有一种防止过拟合和欠拟合的策略是使用交叉验证，在第 5 章中已经介绍过，它能最小化训练数据和测试数据之间的模式差异。

# 第9章
## 人工神经网络

## 9.1 概述

在本章中我们将讲述人工神经网络（Artificial Neural Network，ANN）和强化学习初步。人工神经网络，又被称为神经网络，是机器学习中一种流行的技术，它通过多个分析层处理数据。人工神经网络的命名灵感来自于该算法与人脑结构的相似性，如图9-1所示。

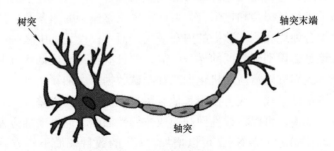

图 9-1　人脑神经元解剖图

但这并不意味着人工神经网络与大脑中的神经元完全一样，它们只是在处理输入获得输出这种机制上相似而已，比如人脸识别。

在大脑中包含了许多相互连接的神经元，这些神经元的树突接收输入信号。从这些输入信号中，神经元从轴突产生电信号输出，然后通过轴突末端将这些信号发送给其他神经元。

与人脑中的神经元相似，人工神经网络也由相互连接的神经元（称为结点）组成，这些神经元通过称为边的轴突相互作用。

如图9-2所示，在神经网络中，结点以层的形式叠加，并且通常前面层中结点比较多。第一层包括原始数据输入，比如数值型、文本、图像或音频数据，然后输入数据被分到各个结点中。接着每个结点通过网络边将信息发送到下一层的结点中。

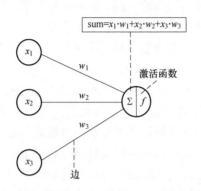

**图 9-2 基本神经网络中的结点，边/权重，和/激活函数**

网络中的每条边都有一个数值型权重，可以根据经验进行更改和制定。如果连接边的总和满足一个预定的阈值（称为激活函数），则激活下一层的神经元。但是，如果连接边的总和不满足预定的阈值，则激活函数不触发，所以这个神经元的结果不是触发就是不触发。

另外值得注意的是，每条边的权重都是单独的，这是为了确保每个结点都按不同程度触发（见图 9-3），以防止所有结点都返回同样的结果。

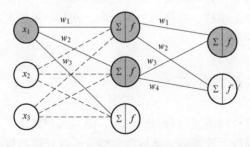

**图 9-3 不同的边产生不同的结果**

使用监督学习来训练网络，将模型的预测输出与实际输出（已知正确的结果）进行比较，并将这两个结果之间的差异用成本或成本值来衡量。训练的目的是降低成本值，直到模型的预测与正确的输出紧密匹配。通过逐步调整网络的权重来尽可能降低成本值。这种训练神经网络的过程称为反向传播。与数据的从左到右传输不同，反向传播是从网络的输出层向输入层，自右向左传播。

神经网络的一个缺点是它们像一个黑盒子一样运作，从这个意义上说，虽然网络可以得出近似精确的结果，但是没办法跟踪得出结果的决策结构是什么样的。例如，如果我们使用神经网络来预测 Kickstarter（创意项目的融资平台）活动的结果，该网络可以分析许多不同的变量。这些变量可能包括活动类别、货币、期限和最低抵押金额。然而，该模型无法确定单个变量与筹资活动是否会达到其目标之间的关系。此外，两个具有不同拓扑结构和权重的神经网络有可能产生相同的输出，这使得跟踪变量对输出的影响变得更加困难。回归技术和决策树是非黑盒模型，其中变量与输出结果的关系是广泛透明的。

那么，什么时候应该使用像神经网络这样的黑盒技术呢？根据经验，神经网络最适合解决具有复杂模式的问题，尤其是那些计算机难以解决但对人类来说简单且几乎微不足道的问题。比如 CAPTCHA（完全自动化的公共图灵测试，用于区分计算机和人类）挑战响应测试，该测试在网站上用于确定在线用户是否是真正的人类。网上有许多博客文章，演示了如何使用神经网络破解 CAPTCHA 测试。再比如，在自动驾驶中，确定行人是否会进入迎面驶来的车辆的行驶路径内，以避免发生事故。在这两个例子中，预测结果比理解变量与最终输出的关系更重要。

## 9.2　构建神经网络

典型的神经网络可以分为输入层、隐藏层和输出层。输入层接收输入数据，提取大致特征。然后隐藏层分析并处理数据。随着数据在每层隐藏层内传递，基于前一层的计算，数据在传递过程中被简化。最终结果由输出层输出，如图9-4所示。

中间层被认为是隐藏的，是因为和人类视觉一样，它们隐蔽地分

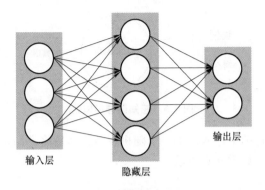

输入层　　　　　隐藏层　　　　　输出层

图 9-4　三层神经网络

解输入层和输出层之间的对象。例如，当人类看到四条线连接成一个正方形时，我们会立即将这四条线识别为一个正方形。我们不会注意到这是四条彼此没有关系的独立线段。我们的大脑能意识到输出层而不是隐藏层。神经网络的工作方式大致相同，它们将数据分解输入到各个隐藏层，并使用隐藏层的计算结果来生成最终的输出。随着模型中隐藏层的增加，模型分析复杂模式的能力也在增长。这就是为什么具有许多网络层的神经网络常常被称为深度学习，以凸显其优越的处理能力。

将神经网络中的结点组合起来的方式有很多，最简单的就是前馈网络。在前馈网络中，信号只向一个方向流动，而且网络中没有环路。

前馈神经网络最基本的形式是感知器，它也是最早的一种人工神经网络。由 Frank Rosenblatt 教授在 20 世纪 50 年代设计的感知器，它是一种决策函数，可以接收二值特征输入并产生二值输出，如图 9-5 所示。

感知器可以由一个或多个输入、一个处理单元和一个输出组成。数据被输入到处理单元（神经元）中，经过处理，然后生成输出。

例如，假设我们有一个由二维特征输入组成的感知器：

输入 1：$x_1 = 24$。

输入 2：$x_2 = 16$。

图 9-5  感知器神经网络

我们给这两个输入添加一个随机权重,然后将它们发送到处理单元进行处理,如图 9-6 所示。

图 9-6  将权重添加到感知器

权重:

输入 1:0.5。

输入 2:−1.0。

然后我们将输入与对应的权重相乘:

输入 1:24×0.5=12。

输入 2:16×(−1.0)=−16。

通过激活函数传递边权重的总和,生成感知器的输出(预测结果)。

感知器的一个关键特征是它只产生两种可能的预测结果,"0"和"1"。值为"1"的时候触发激活函数,而为"0"的时候不触发。虽然感知器是二分类的(0 或 1),但是配置激活函数有很多种方法。在这个例子中,我们使用如图 9-7 所示的激活函数。也就是说如果总和是一个正数或等于零,则输出为 1。如果和为负数,则输出为 0。

因此:

输入 1:24×0.5=12。

输入 2:16×(−1.0)=−16。

图9-7 激活函数

和（Σ）：12 + ( −16) = −4。

结果小于零，激活函数的结果"0"，因此不会触发感知器的激活函数。

但是，我们可以修改激活阈值来产生完全不同的规则，如图9-8所示。

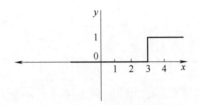

图9-8 修改激活阈值

$x > 3$，$y = 1$。

$x \leqslant 3$，$y = 0$。

当 $x$ 小于或等于3时，输出0，当 $x$ 大于3时输出1。

当使用具有许多层的大型神经网络时，激活函数值为"1"会将输出传递到下一层。相反，值为"0"的输入会被忽略，并且不会传递给下一层进行处理。

在监督学习中，感知器可用于训练数据并开发预测模型。训练步骤如下：

1）将输入送入处理单元（神经元/结点）。

2）感知器使用这些输入估计预测值。

3）感知器计算预测值和实际值之间的误差。

4）感知器根据误差调整其权重。

5）重复前面的四个步骤，直到对模型的准确率满意为止。然后可以将训练模型应用于测试数据。

感知器的缺点是，由于输出是二值的（0 或 1），在较大的神经网络中，任何单个感知器的权重或偏差的微小变化都会导致截然不同的结果。这可能导致网络内发生巨大变化，并导致最终输出完全翻转。因此，很难训练出一个泛化性能好的模型。除了感知器之外，还可以选择 sigmoid 神经元来做激活函数。sigmoid 神经元与感知器非常相似，但是 sigmoid 函数不作为二值过滤器，而是能够产生 0 到 1 之间的任何值。sigmoid 函数更灵活，能够处理边缘权重微小的变化，而不会产生相反的预测值，因为它的输出不再是二值的。换句话说，输出结果不会仅仅因为边缘权重或输入的微小变化而翻转。sigmoid 函数如图 9-9 中的公式所示：

$$y = \frac{1}{1+e^{-x}}$$

**图 9-9　sigmoid 公式**（在逻辑回归中已经介绍）

虽然比感知器更灵活，但 sigmoid 神经元不能产生负值。因此，还可以使用双曲正切函数，如图 9-10 所示。

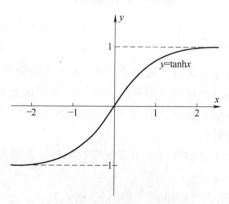

**图 9-10　双曲正切函数**

到目前为止，我们已经讨论了基本的神经网络。为构建一个更先进的神经网络，我们可以将 sigmoid 神经元和其他分类器连接起来，来创建一个具有更多层的网络，或者将多个感知器组合成一个多层感知器。

对于分析简单模式的数据，使用基本的神经网络或其他分类工具，如逻辑回归和 $k$ 近邻通常已经足够了。

然而，随着数据模式变得更加复杂，尤其有大量输入（如图像中的像素总数）的时候，基础或浅层模型就不再可靠了，或者无法进行复杂的分析。这是因为随着输入数量的增加，模型复杂度呈指数增长，对于神经网络来说，这意味着需要更多的层来管理更多的输入结点。然而，一个深层神经网络可以将复杂的模式分解为简单的模式，如图 9-11 所示。

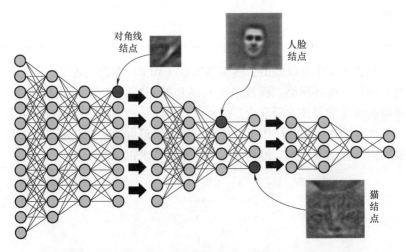

**图 9-11　使用深度学习进行面部识别**（来源：kdruggets. com）

这种深度神经网络利用边缘来检测不同的物理特征，从而来识别人脸，例如对角线。所谓的深度学习，与搭建积木一样，网络将结点结果结合起来，将输入分类为人脸或猫脸，然后进一步识别特定的个体特征。深度学习的"深"体现在网络至少使用了 5~10 个网络层。

自动驾驶中用来识别行人和其他车辆等物体的物体识别网络，网络层数超过了 150 层。自动驾驶也是当今深度学习领域的一个流行应用。深度学习的其他典型应用包括时间序列分析（分析在特定时间段或间隔内的数据趋势），语音识别和文本处理任务，包括情感分析、主题分割和命名实体识别。表 9-1 列出了更多的使用场景和对应的常用深度学习技术。

表 9-1　使用场景和对应的常用深度学习技术

| | 循环网络 | 循环神经张量网络 | 深度信念网络 | 卷积网络 | 多层感知器 |
|---|---|---|---|---|---|
| 文本处理 | √ | √ | | √ | |
| 图像识别 | | | √ | √ | |
| 物体识别 | | √ | | √ | |
| 语音识别 | √ | | | | |
| 时间序列分析 | √ | | | | |
| 分类 | | | √ | √ | √ |

从表 9-1 中可以看出，多层感知器（MLP）在很大程度上已经被卷积网络、循环网络、深度信念网络和循环神经张量网络（RNTN）等新的深度学习技术所取代。这些更高级的神经网络可以有效地用于当今流行的许多实际应用中。虽然卷积网络可以说是现在最流行和最强大的深度学习技术，但新的方法和改良技术正在不断产生。

# 第 10 章
## 决策树

相比其他技术，神经网络可以应用在更广泛的机器学习问题上，因此一些专家将神经网络称为终极机器学习算法。然而，这并不是说神经网络是万能的算法。在各种情况下，神经网络都有不足，因此决策树成为了一种流行的算法。

神经网络需要大量数据和计算资源，这是第一个明显不足。使用数百万个带标签的样本进行训练之后，谷歌的图像识别引擎才能可靠地识别简单物体（如狗）。但是要让一个四岁小孩"学会"什么是狗，需要给他看这么多张狗的图片吗？

而另一方面，决策树效率高，而且解释起来很直观。这两个优点使得这个简单的算法在机器学习中很流行。

决策树是一种监督学习技术，主要用于解决分类问题，也可用于解决回归问题。图 10-1 所示是一棵回归树的结构。

在分类树中可以使用数值和类别变量，来建立分类模型。回归树同样可以使用数值和类别变量，但是模型输出是数值。图 10-2 中显示的是一棵分类树，用于对在线购物者进行分类。

决策树从根结点开始，它作为起点（顶部），然后在根结点上产生分支。这些分支在术语上称为边。然后，分支连接到叶子结点，形成决策点。当一个叶子结点不再生成任何新的分支并成为终端结点时，就产生了最终的分类。

决策树不仅可以分解并解释分类或回归是如何形成的，还可以生成一个整洁的可视化流程图，来向其他人展示。易于解释是决策树的一个明显优势，并且应用广泛。

在现实生活中，评选奖学金获得者、评估家庭贷款申请人、预测电子商务销售或选择合适的工作申请人，都可以使用决策树。当某个

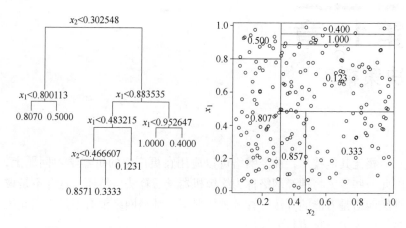

**图 10-1　回归树**（来源：http://freakonometrics. hypomises. org/）

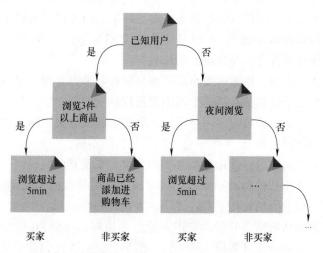

**图 10-2　分类树**（来源：http://blog. akanoo. com）

客户询问为什么没有批准住房贷款申请的时候，就可以将决策树的决策过程给客户查看。

# 10.1　构建决策树

在构建决策树的过程中，首先将数据分成两组。然后在每个分支

（层）重复这种二元拆分的过程。在树的每个分支上，提出一个二元问题（答案为是或否），来尽可能将数据分成两个同质组，从而降低下一个分支的数据熵。

熵是一个数学术语，表示不同类别数据的方差度量。简单地说，我们希望每一层的数据比上一层更均匀。

因此，我们要选择一种"贪婪"算法，来降低树每一层的熵。其中一种贪心算法是由 J. R. Quinlan 发明的迭代二分法（ID3）。这是 Quinlan 开发的三个决策树实现之一，因此名称后面有个"3"。

ID3 中使用熵来决定在树的每一层询问哪种二元问题。在每一层，ID3 选择一个变量（转换为二元问题），该变量在下一层能产生最小熵。

我们通过表 10-1 来介绍决策树的工作原理。

表 10-1　决策树工作原理

| 员工数 | 超过关键绩效指标 | 领导能力 | 年龄 <30 | 输出 |
| --- | --- | --- | --- | --- |
| 6 | 6 | 2 | 3 | 晋升 |
| 4 | 0 | 2 | 4 | 未晋升 |

变量 1（超过关键绩效指标）能够得到：

1）六名晋升员工超过了关键绩效指标（是）。

2）四名未超过关键绩效指标且未晋升的员工（否）。

该变量在决策树的下一层生成两个同质组，如图 10-3 所示。

变量 2（领导能力）能够得到：

1）两名具有领导能力的晋升员工（是）。

2）四名没有领导能力的晋升员工（否）。

3）两名具有领导能力但未晋升的员工（是）。

4）两名没有领导能力且未晋升的员工（否）。

此变量会生成两组晋升与非晋升混合的数据，如图 10-4 所示。

变量 3（30 岁以下）能够得到：

1）三名 30 岁以下的晋升员工（是）。

2）三名 30 岁以上的晋升员工（否）。

3）四名 30 岁以下未晋升的员工（是）。

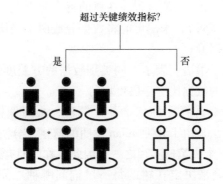

图 10-3 黑色 = 晋升, 白色 = 未晋升

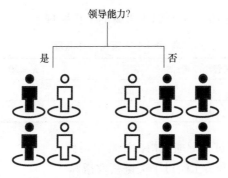

图 10-4 黑色 = 晋升, 白色 = 未晋升

这个变量产生一个同质组和一个混合组, 如图 10-5 所示。

在这三个变量中, 变量 1 (超过关键绩效指标) 产生两个同质组, 结果最佳。变量 3 的结果次优, 其中一个叶子结点产生了同质组。变量 2 产生的结果都不是同质组。因此优先选择变量 1 进行数据划分。

无论是 ID3 还是其他算法, 将数据一分为二 (称为递归分区) 的过程都会重复进行, 直到满足停止条件为止, 比如:

1) 当所有叶子结点包含的数据都少于 3~5 项时。

2) 当一个结点把所有数据都放入一个叶子结点中时, 如图 10-6 所示。

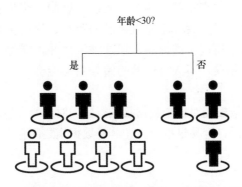

图 10-5　黑色 = 晋升，白色 = 未晋升

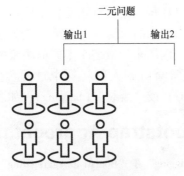

图 10-6　停止条件

决策树的一个缺点就是它们容易过拟合。在这种情况下，过拟合的原因是训练数据。考虑到训练数据中存在的模式，决策树在分析和解码第一轮数据时非常精确。但是，同一个决策树可能无法对测试数据进行分类，因为测试数据中可能存在尚未遇到的规则，或者因为训练/测试数据的拆分不能体现整体数据集的分布。

此外，由于决策树是通过重复地将数据点拆分为两个分区而形成的，因此在树的顶部或中间拆分数据的方式稍有变化，可能会极大地改变最终预测，并生成一个完全不同的树！在这种情况下，我们使用贪婪算法。

从数据的第一次分割开始，贪婪算法会选择一个二元问题，该问题能最好地将数据划分为两个同质组。就像一个坐在一盒纸杯蛋糕前面的男孩一样，会先吃靠近自己的蛋糕，这种贪婪算法无视其短期行动对未来所产生的影响。但这种做法并不能保证最终得到最精确的模型。相反，不太有效的初始分割可能会产生一个更精确的模型。

总之，决策树在对单个数据集进行分类时具有高度的可视性和有效性，但不灵活，容易过拟合，尤其是数据集之间存在显著模式方差的时候。

## 10.2　随机森林

另一种方法不是在每一轮递归分区中努力找到最有效的分割，而是构造多个树并组合它们的预测，来选择最佳分类或预测路径。这种方法会随机选择二元问题来生成多个不同的决策树，称为随机森林。在数据科学界，经常会听到人们将这个过程称为"自举汇聚法"（bootstrap aggregating）或"装袋"（bagging），如图10-7所示。

# **Bootstrap Aggregating**

图 10-7　"Bagging"是"Bootstrap Aggregating"创意性缩写

要了解随机森林，首先要了解自举抽样。想让随机森林发挥作用，使用五个或十个相同的模型几乎没有什么用处，而是需要在每个模型中都具有一定的随机性。因此，自举抽样在相同的数据集上，每一轮随机抽取数据。

在随机森林训练过程中，训练数据的多个不同副本在每棵树上运行。对于分类问题，bagging 经过投票过程来产生最终预测类别。比较每棵树的结果并进行投票来创建最佳树，并生成最终模型，也就是最终类。对于回归问题，在所有树的输出结果上计算平均值来得到最终预测值。

Bootstrapping 有时也被称为弱监督（第 2 章探讨过监督学习），因为它使用随机特征子集训练分类器，并且可用的变量比实际更少。

## 10.3　Boosting

多决策树的另一个变种是 boosting，这是一系列将"弱学习器"转换为"强学习器"的算法。boosting 的基本原则是增加前一轮被错误分类的样本权重。这就好比一位老师，对于上一次考试不理想的学生，在课后对这些学生进行辅导，来提高整个班级的平均成绩。

一种流行的 boosting 算法是梯度提升。梯度提升不是随机选择二元问题的组合（如随机森林），而是选择可以提高每棵新树预测准确性的二元问题。因此，决策树是顺序增长的，因为每棵树都是使用从前一棵树派生的信息创建的。

Boosting 的工作方式是记录训练数据中出现的错误，然后将其放到下一轮训练数据中继续训练。在每次迭代中，都会根据上一次迭代的结果为训练数据添加权重。训练数据中预测错误的数据具有较高权重，而预测正确的数据具有较低权重。早期迭代中表现不好，并且可能错误分类的数据可以通过进一步的迭代得到改进。然后重复这个过程直到误差降至预期范围。最后从每个模型得出的总预测加权平均值中获得最终结果。

这种方法缓解了过拟合的问题，因为它使用的树比 bagging 方法少。一般来说，随机森林中的树越多，其缓解过拟合的能力就越强。相反，梯度提升中，过多的树可能会导致过拟合，因此增加树的时候需要谨慎。

最后，随机森林和梯度提升的一个缺点是，它们不如单棵决策树在视觉上那么直观和易于解释。

# 第11章

## 集成建模

目前最有效的机器学习方法之一是集成建模，也称为集成。作为机器学习竞赛的一种热门选择，如 Kaggle 和 NetflixPrize，集成建模结合神经网络和决策树等算法技术，被用来创建能产生统一预测的模型。

集成模型可以分为多个类别，包括顺序模型、并行模型、同质模型和异构模型。让我们先看看顺序模型和并行模型。在前一种情况下，模型的预测误差减小是通过给先前错误分类数据的分类器提高权重来实现的。比如梯度提升和 AdaBoost。相反，并行集成模型同时工作，通过平均来减少误差，比如决策树。

我们可以使用同样技术多种变化（同质模型）的方法或者不同技术（异构模型）来生成集成模型。比如多个决策树一起工作，来形成单一预测（bagging），这就是一种同质模型。与此同时，配合决策树模型使用 $k$ 均值聚类或神经网络，则是异构模型。当然，选择相互补充的技术是至关重要的。例如，神经网络需要完整的数据进行分析，而决策树能够处理缺失值。这两种技术比同质模型更具有附加价值。对于大部分具有完整数值的数据，神经网络能够给出准确的预测，而对于存在缺失值的数据，使用决策树能避免结果中出现空值。

集成建模的另一个优点是，聚合估计通常比任何单个模型估计更准确。

集成建模有各种各样的子类别，在前一章中我们已经讨论了其中的两个。集成建模的四个流行的子类别是 bagging、boosting、桶模型（bucket of models）和堆叠（stacking）。

Bagging，是 "bootstrap aggregating" 的缩写，属于同质模型集成。该方法利用随机抽取的数据集，结合预测结果，设计基于训练数据投票的统一模型。换句话说，bagging 是一种特殊的模型平均过程。我们所知的随机森林就是 bagging 的一种。

Boosting 是另外一种流行的集成技术，在 boosting 中，前一次迭代分类错误的数据会送到后层加强学习来降低误差，并最终生成一个模型。比如梯度提升和 AdaBoost。

桶模型使用相同的训练数据训练许多不同的算法模型，然后选择在测试数据上最精确的一个。

Stacking 在数据上同时训练多个模型，并结合它们的结果生成最终模型。这项技术在工业和机器学习竞赛中获得了巨大成功，包括 Netflix Prize。2006 年至 2009 年期间，Netflix 举办了一场比赛，为改进推荐系统，以便为用户提供更有效的电影推荐。其中一种获胜方法采用了模型的线性叠加，将多个模型的预测结果结合起来。

虽然集成模型通常能产生更精确的预测，但这种方法的一个缺点是比较复杂。集成模型面临着准确性和简单性的权衡，就好像单个决策树和随机森林之间的权衡。在集成模型中，类似决策树或 $k$ 近邻这种简单技术的透明性和简单性将会丢失。在确定首选方法时，通常会选择性能最好的一种，但是也需要考虑到模型的透明性。

# 第12章
## 开发环境

在研究了许多算法的统计基础之后，现在是时候将注意力转向机器学习的编码组件上来了，并且准备开发环境。

尽管有很多种编程语言（如第3章所述），不过我们还是在接下来的练习中选择 Python，因为它很容易学习，并且在行业里和在线学习课程中都广泛使用。如果在 Python 编程方面没有任何经验，那么也没有必要担心。以下章节的主要目的是了解构建基本机器学习模型的方法和步骤。

至于开发环境，我们将安装 Jupyter Notebook，这是一个开源的 Web 应用程序，可以编辑和共享代码。

你可以从 http://jupyter. org/install. html 下载 Jupyter Notebook，或者可以使用 Anaconda 发行版或 Python 的包管理器 pip 安装。在 Jupyter Notebook 的网站上面有关于这两种选项的概述。对于经验丰富的 Python 用户，可以选择 pip 来安装 Jupyter Notebook。然而对于初学者，我建议选择使用 Anaconda 发行版，可以通过简单的点击和拖拽来启动。

这种安装选项将会引导你到 Anaconda 的官网。在上面可以选择 Windows、MacOS 或者 Linux 安装版本。并且根据你的操作系统可以在官网上找到操作指南。

在机器上安装好 Anaconda 之后，可以在 Anaconda 的导航门户访问许多数据科学应用程序，包括 rstudio、Jupyter Notebook 和用于数据可视化的 graphviz。对于本练习，选择 Jupyter Notebook，单击选项卡中的 "Launch" 按钮来启动，如图 12-1 所示。

要启动 Jupyter Notebook，从终端（Mac/Linux）或命令提示符（Windows）运行以下命令：

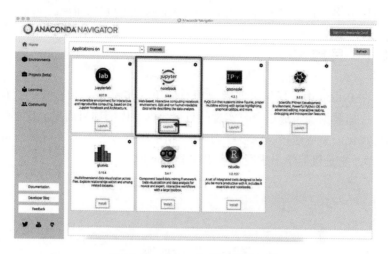

图 12-1 Anaconda 导航门户页面

`jupyter notebook`

然后，终端/命令提示符将生成一个 URL，可以复制并粘贴到 Web 浏览器中。示例：http://localhost：8888/。

将生成的 URL 复制并粘贴到 Web 浏览器中来加载 Jupyter Notebook。在浏览器中打开 Jupyter Notebook 后，单击 Web 应用程序右上角的"新建"按钮创建新的"Notepad"项目，然后选择"Python 3"。现在可以开始编码了，如图 12-2 所示。

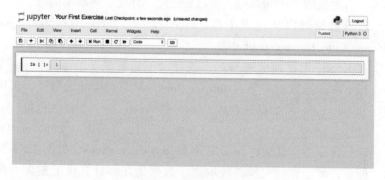

图 12-2 新建 notebook

接下来,我们将探讨使用 Jupyter Notebook 的基础知识。

## 12.1 导库

在 Python 中,任何机器学习项目的第一步都是安装必要的代码库。根据数据的组成以及要实现的目标,这些库因项目而异。比如数据可视化、集成建模、深度学习等。如图 12-3 所示,是在导入 Pandas 库,它是机器学习中经常使用的 Python 库。

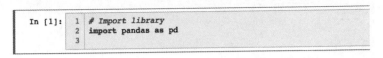

```
In [1]:  1  # Import library
         2  import pandas as pd
         3
```

图 12-3　导入 Pandas

## 12.2 导入数据集并预览

安装好 Pandas 之后,我们就可以使用它来导入数据集了。我们从 Kaggle 上下载一份免费的公开数据集,数据包含澳大利亚墨尔本的房屋价格信息。这些数据来自于 www. domain. com. au 上每周发布的公开数据。整个数据集包含 14242 条记录,21 个变量,包括地址、郊区、占地面积、房间数量、价格、经度、纬度、邮政编码等。

这份数据可以从这里下载:https://www. kaggle. com/anthonypino/melbourne- housing- market/。

在 Kaggle 上注册完账号后,就可以下载数据了,是一个 zip 文件。接下来解压数据并导入 Jupyter Notebook 中。要导入数据,可以使用 pd. read_csv 将数据加载成 Pandas 的 dataframe(表格数据集)。

```
df =pd. read_csv('~/Downloads/Melbourne_housing_FULL. csv')
```

这条命令可以直接将数据集导入 Jupyter Notebook,如图 12-4 所示。但是,请注意,文件路径取决于数据集在你计算机上的保存位置。例如,如果将 csv 文件保存到 Mac 的桌面,则需要使用以下命令导入 . csv 文件:

```
df = pd.read_csv('~/Desktop/Melbourne_housing_FULL.csv')
```

```
In [ ]:  1   # Import library
         2   import pandas as pd
         3
         4   # Read in data from CSV as a Pandas dataframe
         5   df = pd.read_csv('~/Downloads/Melbourne_housing_FULL.csv')
         6
         7
```

图 12-4　导入数据成 dataframe

以我为例，我从 Downloads 文件夹导入数据集。在你学习机器学习和数据科学的过程中，将数据集和项目保存在独立的文件夹中以便有组织地访问是很重要的。如果将 .csv 保存在与 Jupyter Notebook 相同的文件夹中，则不需要附加目录名或 ~/。

接下来，在 Jupyter Notebook 中使用 head( ) 命令来预览 dataframe。

```
df.head()
```

右击，在快捷菜单中选择"Run"或从 Jupyter Notebook 的导航菜单中选择：Cell > RunAll，如图 12-5 所示。

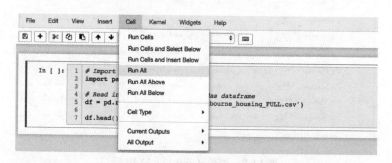

图 12-5　导航菜单中的"RunAll"

在 Jupyter Notebook 中会将数据构建成 Pandas 的 dataframe，如图 12-6 所示。

使用 head( ) 命令显示的默认行数为 5。要设置其他行数来显示，直接在括号内输入所需的行数，结果如图 12-7 所示。

```
df.head(10)
```

In [1]:
```python
# Import library
import pandas as pd

# Read in data from CSV as a Pandas dataframe
df = pd.read_csv('~/Downloads/Melbourne_housing_FULL.csv')

df.head()
```

Out[1]:

| | Suburb | Address | Rooms | Type | Price | Method | SellerG | Date | Distance | Postcode | ... | Bathroom | Car | Landsize |
|---|---|---|---|---|---|---|---|---|---|---|---|---|---|---|
| 0 | Abbotsford | 68 Studley St | 2 | h | NaN | SS | Jellis | 3/09/2016 | 2.5 | 3067.0 | ... | 1.0 | 1.0 | 126.0 |
| 1 | Abbotsford | 85 Turner St | 2 | h | 1480000.0 | S | Biggin | 3/12/2016 | 2.5 | 3067.0 | ... | 1.0 | 1.0 | 202.0 |
| 2 | Abbotsford | 25 Bloomburg St | 2 | h | 1035000.0 | S | Biggin | 4/02/2016 | 2.5 | 3067.0 | ... | 1.0 | 0.0 | 156.0 |
| 3 | Abbotsford | 18/659 Victoria St | 3 | u | NaN | VB | Rounds | 4/02/2016 | 2.5 | 3067.0 | ... | 2.0 | 1.0 | 0.0 |
| 4 | Abbotsford | 5 Charles St | 3 | h | 1465000.0 | SP | Biggin | 4/03/2017 | 2.5 | 3067.0 | ... | 2.0 | 0.0 | 134.0 |

5 rows × 21 columns

**图 12-6 Jupyter Notebook 中预览 dataframe**

In [2]:
```python
# Import library
import pandas as pd

# Read in data from CSV as a Pandas dataframe
df = pd.read_csv('~/Downloads/Melbourne_housing_FULL.csv')

df.head(10)
```

Out[2]:

| | Suburb | Address | Rooms | Type | Price | Method | SellerG | Date | Distance | Postcode | ... | Bathroom | Car | Landsize |
|---|---|---|---|---|---|---|---|---|---|---|---|---|---|---|
| 0 | Abbotsford | 68 Studley St | 2 | h | NaN | SS | Jellis | 3/09/2016 | 2.5 | 3067.0 | ... | 1.0 | 1.0 | 126.0 |
| 1 | Abbotsford | 85 Turner St | 2 | h | 1480000.0 | S | Biggin | 3/12/2016 | 2.5 | 3067.0 | ... | 1.0 | 1.0 | 202.0 |
| 2 | Abbotsford | 25 Bloomburg St | 2 | h | 1035000.0 | S | Biggin | 4/02/2016 | 2.5 | 3067.0 | ... | 1.0 | 0.0 | 156.0 |
| 3 | Abbotsford | 18/659 Victoria St | 3 | u | NaN | VB | Rounds | 4/02/2016 | 2.5 | 3067.0 | ... | 2.0 | 1.0 | 0.0 |
| 4 | Abbotsford | 5 Charles St | 3 | h | 1465000.0 | SP | Biggin | 4/03/2017 | 2.5 | 3067.0 | ... | 2.0 | 0.0 | 134.0 |
| 5 | Abbotsford | 40 Federation La | 3 | h | 850000.0 | PI | Biggin | 4/03/2017 | 2.5 | 3067.0 | ... | 2.0 | 1.0 | 94.0 |
| 6 | Abbotsford | 55a Park St | 4 | h | 1600000.0 | VB | Nelson | 4/06/2016 | 2.5 | 3067.0 | ... | 1.0 | 2.0 | 120.0 |
| 7 | Abbotsford | 16 Maugie St | 4 | h | NaN | SN | Nelson | 6/08/2016 | 2.5 | 3067.0 | ... | 2.0 | 2.0 | 400.0 |
| 8 | Abbotsford | 53 Turner St | 2 | h | NaN | S | Biggin | 6/08/2016 | 2.5 | 3067.0 | ... | 1.0 | 2.0 | 201.0 |
| 9 | Abbotsford | 99 Turner St | 2 | h | NaN | S | Collins | 6/08/2016 | 2.5 | 3067.0 | ... | 2.0 | 1.0 | 202.0 |

10 rows × 21 columns

**图 12-7 查看 dataframe 前 10 行**

现在可以预览 dataframe 的前 10 行了。注意到数据的行数和列数会在 dataframe 的左下角显示。

## 12.3 查找行

虽然 head 命令对于获得 dataframe 形状很有用，但是很难获取到数百或数千行记录的信息。

在机器学习中，通常需要将行号与其行名匹配来查找特定的行。例如，如果机器学习模型发现第 100 行是最适合向买家推荐的房子，那么我们接下来需要在 dataframe 中查看具体是哪栋房子。

这可以使用 iloc［］命令实现，如图 12-8 所示。

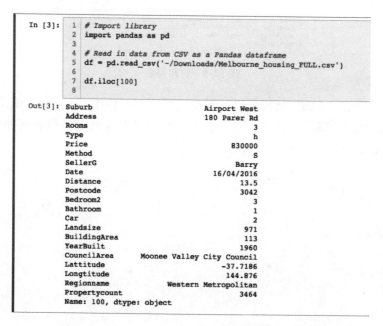

```
In [3]:   1  # Import library
          2  import pandas as pd
          3
          4  # Read in data from CSV as a Pandas dataframe
          5  df = pd.read_csv('~/Downloads/Melbourne_housing_FULL.csv')
          6
          7  df.iloc[100]
          8

Out[3]:   Suburb                        Airport West
          Address                      180 Parer Rd
          Rooms                                   3
          Type                                    h
          Price                              830000
          Method                                  S
          SellerG                             Barry
          Date                           16/04/2016
          Distance                             13.5
          Postcode                             3042
          Bedroom2                                3
          Bathroom                                1
          Car                                     2
          Landsize                              971
          BuildingArea                          113
          YearBuilt                            1960
          CouncilArea      Moonee Valley City Council
          Lattitude                        -37.7186
          Longtitude                        144.876
          Regionname          Western Metropolitan
          Propertycount                        3464
          Name: 100, dtype: object
```

图 12-8  iloc［］查找行

在本例中，df. iloc［100］用于查找 dataframe 中索引为 100 的行，该房产位于机场西。请注意，Python dataframe 中第一行的索引为 0。因此，这个位于机场西的房产属于 dataframe 中第 101 条记录。

## 12.4  打印列名

我要介绍的最后一个功能是 dataframe 中的 columns，这是一种打印数据集列名的方法。在选择使用哪些特征，修改或删除哪些特征的时候非常方便。

使用命令 df. columns 来查看有哪些列，如图 12-9 所示。

```
In [4]:   1  # Import library
          2  import pandas as pd
          3
          4  # Read in data from CSV as a Pandas dataframe
          5  df = pd.read_csv('~/Downloads/Melbourne_housing_FULL.csv')
          6
          7  df.columns
          8

Out[4]:  Index(['Suburb', 'Address', 'Rooms', 'Type', 'Price', 'Method', 'SellerG',
                'Date', 'Distance', 'Postcode', 'Bedroom2', 'Bathroom', 'Car',
                'Landsize', 'BuildingArea', 'YearBuilt', 'CouncilArea', 'Lattitude',
                'Longtitude', 'Regionname', 'Propertycount'],
                dtype='object')
```

**图 12-9　打印列名**

单击"Run"运行代码并查看结果，在本例中，dataframe 有 21 列，数据类型（dtype）是"object"。你可能会发现有些列名有拼写错误，我们将在下一章对此进行讨论。

# 第13章

## 使用 Python 构建模型

我们现在用前一章的代码来设计一个完整的机器学习模型。

在本练习中，我们按照下面6点，使用梯度提升来设计一个房产估价系统：

1）导库。

2）导入数据集。

3）清洗数据集。

4）将数据分割成训练数据和测试数据。

5）选取一个算法并且配置超参数。

6）评估结果。

## 13.1 导库

为了构建我们的模型，我们首先要导入 Pandas 库，并从 Scikit-learn 中导入一些函数，包括梯度提升（ensemble）和平均绝对误差来评估模型性能。

在 Jupyter Notebook 中输入以下代码来导入各个库文件：

```
#Import libraries
import pandas as pd
from sklearn.model_selection import train_test_split
from sklearn import ensemble
from sklearn.metrics import mean_absolute_error
from sklearn.externals import joblib
```

如果不了解上面列出的 Scikit-learn 中的库文件，不用担心，我们在后面的步骤中才会真正用到。

## 13.2　导入数据集

　　使用 pd. read_csv 函数将 Melbourne Housing Market（墨尔本住房市场）数据集读取成 Pandas 的 dataframe（和上一章一样）。

```
df = pd. read_csv('~/Downloads/Melbourne_housing_FULL.csv')
```

　　注意，数据集中的数值单位以澳元表示——1 澳元大概相当于 0.77 美元（2017 年）。

## 13.3　清洗数据集

　　在导入数据后，下一步要做的事情就是清洗数据。清洗数据是改进数据集的过程。这包括修改或删除缺失、不相关或者重复的数据。并且还可能需要将文本类型的数据转成数值型数据，再重新设计特征。

　　值得注意的是，数据清洗过程可以在将数据导入 Jupyter Notebook 之前进行，也能之后进行。比如数据的提供者在列名中拼写错了"经度"（Longitude）、"纬度"（Latitude）。由于在本练习中不会使用到这两个变量，因此没有必要去修改。但是，如果我们确实希望在模型中使用这两个变量，那么还是首先修复此错误比较明智。

　　从编程的角度来说，只要我们在代码中使用相同拼写，那么列名的错误拼写完全不会造成任何问题。但是这种列名的错误拼写容产生人为错误，特别是将代码分享给团队成员的时候。为避免混淆，在将数据集导入 Jupyter Notebook 或者其他开发环境之前，最好修正原始文件中拼写等一些简单的错误。我们可以在 Excel（或者其他编辑环境）中打开 CSV 文件，编辑并重新保存成 CSV 文件。

　　虽然可以直接在源文件中更正简单的错误，但是对数据集的主要结构做修改（比如特征工程）的话，最好还是在开发环境中进行，以增加灵活性并保留数据集以供以后使用。比如在本次练习中，我们将对数据进行特征工程处理来去除掉一些列，但是我们可能以后会改变主意，想要使用其中某些列。在开发环境中对数据集进行各种操作不会对源文件产生永久影响，而且通常比在源文件中进行这些操作更便捷。

# 13.4　清洗过程

首先我们使用 del 命令，输入我们希望移除的列名，将模型中不需要使用的列从数据集中移除。

＃保留了拼写错误的"longitude"和"latitude"，因为原始文件中没有更正。

```
del df['Address']
del df['Method']
del df['SellerG']
del df['Date']
del df['Postcode']
del df['Lattitude']
del df['Longtitude']
del df['Regionname']
del df['Propertycount']
```

我们把"Address""Regionname"和"Propertycount"列移除，因为房产地址信息已经包含在其他列（"Suburb"和"CouncilArea"）中了，并且我们想要尽可能减少非数值的信息（比如"Address"和"Regionname"）。同样把"Postcode""Latitude"和"Longitude"移除，因为"Suburb"和"CouncilArea"已经包含了位置信息。我假设，虽然"Address"也比较重要，不过"Suburb"和"CouncilArea"比起"Postcode""Latitude"和"Longitude"在买家心中具有更重要的位置。

"Method""SellerG"和"Date"列也移除，因为它们与其他变量相关性较低。这并不是说这些变量不会影响房产价格，而是其他11 个变量足以建立一个初始模型。我们可以稍后将这些变量中的任何一个添加到模型中，不过你也可以一开始就将它们在模型中保留。

数据集中剩下的 11 个自变量（用 X 表示）是"Suburb""Rooms""Type""Distance""Bedroom2""Bathroom""Car""Landsize""BuildingArea""YearBuilt" 和"CouncilArea"。第 12 个变量,也就是原始数据中第 5 列的"Price",作为因变量(用 y 表示)。前面已经讲述过,决策树(包括梯度提升和随机森林)擅长处理具有大量变量的大型和高维数据集。

接下来我们需要去除数据中存在缺失值的记录。尽管有许多方法可以处理缺失值(例如,使用平均值、中值来作为缺失值,或者删除缺失值数据),作为练习,我们对此尽可能简单地进行处理,因此我们不会处理带有缺失值的行。但这种方式很明显的缺点就是用来分析的数据更少了。

作为初学者,处理包含完整信息的数据比较容易上手,不需要一开始就考虑处理缺失值来增加学习复杂度。不幸的是,对于我们目前所使用的示例数据集,确实有很多记录存在缺失值!尽管如此,在删除这些记录后,仍然有足够的记录可以用于构建模型。

以下 Pandas 命令可以删除带有缺失值的行:

```
df.dropna(axis = 0, how = 'any', thresh = None, subset = None,
inplace = True)
```

一定注意,要保证在移除列(前文所述)之后,再移除带有缺失值的行。这样就能够保留原始数据中更多的数据。因为如果一开始就删除带有缺失值的行,而这个缺失值可能出现在"Postcode"列中,但是这列是需要移除的,因此损失了一条数据!

有关 dropna 命令及其参数的详细信息,请参阅 Pandas 文档。[11]

接下来我们使用 one-hot 编码将非数值型数据转成数值数据。在 Pandas 中,one-hot 编码可以用 pd.get_dummies 命令实现:

```
features_df = pd.get_dummies(df, columns = ['Suburb', 'Coun-
cilArea', 'Type'])
```

这条命令使用 one-hot 编码将"Suburb""CouncilArea"和"Type"列转成数值数据。

接下来,我们需要删除"Price"列,因为这列是因变量(y),需要从 11 个自变量(X)中分离出来。

```
del features_df['Price']
```

最后,使用 .values 命令从数据集中创建 X 和 y 数组。X 数组包含自变量，y 数组包含因变量价格。

```
X = features_df.values
y = df['Price'].values
```

## 13.5 分割数据

现在我们需要将数据分成训练数据和测试数据。在本例中，我们按 70/30 的比例拆分数据集，使用 Scikit-learn 的命令，设置 test_size 为 "0.3"，并混洗数据。

```
X_train,X_test,y_train,y_test = train_test_split(X,y,test_size = 0.3,shuffle = True)
```

## 13.6 选择算法并配置超参数

接下来，我们选择梯度提升算法，并按如下方式配置超参数。

```
model = ensemble.GradientBoostingRegressor(
    n_estimators = 150,
    learning_rate = 0.1,
    max_depth = 30,
    min_samples_split = 4,
    min_samples_leaf = 6,
    max_features = 0.6,
    loss = 'huber'
)
```

第一行是我们使用的算法（梯度提升），只包含一行代码。下面的代码设定了算法的超参数。

n_estimators 表示构建多少棵决策树。树的数目越多准确率越高（达到某个特定值），但是模型的处理时间也会延长。在上面的代码中，我们选择构建 150 棵决策树。

learning_rate 控制决策树影响整体预测的速率。通过设置 learning_rate 可以有效缩小每棵决策树的贡献。在这里使用一个较小的值，比如 0.1，应该有助于提高准确率。

max_depth 定义每棵决策树的最大层数（深度）。如果选择 "None"，那么直到所有叶子结点都只包含一类样本或者样本数少于 min_samples_leaf 时才停止属性分割。在这里我们选择层数的最大取值（30），这将对最终结果产生戏剧性的影响，我们很快会看到。

min_samples_split 定义了在进行属性分割的时候所需的最小样本数。例如，min_samples_split = 10 表示最少需要 10 个样本才创建新分支。

min_samples_leaf 表示在创建新分支之前，每个叶子结点最少包含的样本数。这有助于减少离群值和异常值带来的影响，因为这些值在属性分割之后会导致在某个叶子结点中包含很少的数据。例如，min_samples_leaf = 4 表示在新创建的分支中最少要有 4 个样本。

max_features 表示在确定最佳分割时模型考虑的特征总数。在第 10 章中介绍过，随机森林和梯度提升限制了每棵树的特征总数，以此来得到多个结果，并在这些结果中进行投票。

如果取值为整数，那么模型在拆分数据的时候将考虑 max_features 个特征。如果取值为浮点数（比如 0.6），那么按百分比从总特征中随机选取特征。尽管它设置了进行最佳分割时要考虑的最大特征数，但如果最初不能进行分割，那么就要使用所有的特征。

loss 用于计算模型的错误率。在本例中，我们使用的是 huber，它可以解决离群值和异常值带来的影响。还有一些其他错误率计算方式可以选择，比如 ls（最小二乘回归）、lad（最小绝对偏差）和 quantile（分位数回归）。Huber 实际上是 ls 和 lad 的组合。

要了解更多有关梯度提升超参数的信息，请参阅 Scikit-learn 网站。[12]

在设定完模型超参数之后，我们接下来要使用 Scikit-learn 的 fit 函数来开始训练模型。

```
model.fit(X_train, y_train)
```

最后，我们需要使用 Scikit-learn 将训练好的模型保存为文件，使用 joblib. dump 函数，该库文件已经在第一步导入了。这样在以后我们就可以直接使用此模型来预测新的房产价格，而无须从头开始训练模型。

```
joblib.dump(model,'house_trained_model.pkl')
```

## 13.7　评估结果

前面已经提到过，对于本练习，我们使用平均绝对误差来评估模型的准确性。

```
mse=mean_absolute_error(y_train,model.predict(X_train))
print("Training Set Mean Absolute Error:%.2f" % mse)
```

在这里，我们输入 y 值，表示训练数据中的正确结果。然后在训练数据 X 上调用 model.predict 来生成预测值（两位小数）。然后使用平均绝对误差函数来比较模型预测值和实际值之间的差异。在测试数据上也是同样的过程。

```
mse=mean_absolute_error(y_test,model.predict(X_test))
print("Test Set Mean Absolute Error:%.2f" % mse)
```

现在我们来运行整个模型，右击，在快捷菜单中选择"Run"或者在 Jupyter Notebook 的导航栏上选择 Cell > Run All。

等待几秒钟（或更长时间）让计算机来训练模型。在代码块的底部会显示如下结果。

```
Training Set Mean Absolute Error:27834.12
Test Set Mean Absolute Error:168262.14
```

在本例中，训练集平均绝对误差为 27834.12 澳元，测试集平均绝对误差为 168262.14 澳元。这意味着，平均而言，训练集中错误计算了总额为 27834.12 澳元房屋价格。而在测试集平均计算错误为 168262.14 澳元。

这意味着我们训练的模型在预测训练数据中房屋价格时非常准确。虽然 27834.12 澳元可能看起来很贵，但考虑到数据集中最高的房产价格是 800 万澳元，这个平均错误值其实很低。由于数据集中的许多房产价格超过七位数（1000000 澳元以上），27834.12 澳元的错误率相比而言是相当低的。

但是模型在测试数据上效果如何呢？结果并没有那么准确。模型在测试数据上提供的指示性预测较少，平均误差率为 168262.14 澳元。模型在训练和测试数据之间的高度差异通常是过拟合的重要表现。由于模型是为训练数据量身定制的，所以在预测测试数据时出错了，这些数据可能包含模型没有处理过的新模式。当然，测试数据可能携带稍微不同的模式和新的潜在离群值和异常值。

然而，在本例中，训练数据和测试数据之间的巨大差异是因为我们配置了模型来过度匹配训练数据。产生这种现象的一个原因是将 max_depth 设置为 "30"。虽然设置大的最大深度值可以提高模型在训练数据中发现模式的机会，但它也会导致过拟合。

最后要说的一点是，由于训练和测试数据是随机打乱的，并且随机输入到决策树中，因此在你机器上的结果可能和上面的略微不同。

# 第 14 章

## 模型优化

在上一章中，我们建立了第一个监督学习模型。我们现在希望模型在新数据上的预测准确率能够提升，并减少过拟合的影响。我们可以从调整模型超参数开始。

在不更改其他超参数的情况下，我们先将最大深度从"30"修改为"5"。模型现在生成的结果如下：

```
Training Set Mean Absolute Error:135283.69
```

虽然在训练数据上平均绝对误差现在更高了，但这有助于减少过拟合的问题，应该能改善在测试数据上的效果。

另一种优化模型的方法是添加更多的树。如果我们将 n_estimators 设置为 250，那么现在模型结果如下：

```
Training Set Mean Absolute Error:124469.48
Test Set Mean Absolute Error:161602.45
```

第二种优化方案将模型在训练数据上的绝对错误率降低了大约 11000 澳元，现在模型在训练数据和测试数据上，平均绝对误差之间的差距更小了。

总之，这两种优化方法表明，理解单个超参数会给模型带来什么样的影响是很重要的。

如果你想自己重现这个机器学习模型，我建议你分别测试修改每个超参数，并分析它们对平均绝对误差有什么影响。此外，你还会注意到，随着超参数的不同，训练模型时间也会不同。例如，将分支最大层数（max_depth）从"30"改为"5"，训练时间会显著缩短。在处理大型数据集时，处理速度和资源消耗都是需要考虑的重要因素。

另一种优化技术是特征选择。在前文中讲述过，我们从数据集中移除了 9 个特征，现在是时候考察这些特征是否对模型准确率有影响了。"SellerG"是个很有意思的特征，可以把它加入到模型中，因为房产的最终售价可能会与房地产公司有关。

或者可以从当前的模型中去掉一些特征，这可能会减少训练时间，而不会对准确率有重大影响，甚至可能提高准确率。在选择特征的时候，最好一次只增减一个特征来分析结果，而不是同时增减好几个。

虽然手动试错可以了解变量选择和超参数设定对模型的影响，但是还有一种自动优化模型的技术，比如网格搜索（gridsearch）。使用网格搜索，你可以列出每个超参数要测试的一系列配置，然后系统地测试每个超参数。然后进行自动投票来确定最佳模型。由于模型必须检查每个可能的超参数组合，网格搜索运行需要很长时间！在本章末尾我们会介绍网格搜索示例代码。

最后，如果你希望使用其他监督式机器学习算法而不是梯度提升，那么本练习中的大部分代码都可以复用。比如我们可以使用相同的代码来导入其他数据集、预览 dataframe、移除特征（列）、删除行、拆分混洗数据集以及评估平均绝对误差。

Scikit-learn 的官网是个很好的学习资源，如果想了解本练习中的梯度提升算法或者其他算法，可以参阅上面的资料。

# 14.1 模型优化代码

```python
# 导库
import pandas as pd
from sklearn.model_selection import train_test_split
from sklearn import ensemble
from sklearn.metrics import mean_absolute_error
from sklearn.externals import joblib
# 从 CSV 文件读取数据
df = pd.read_csv('~/Downloads/Melbourne_housing_FULL.csv')
# 删除不需要的列
del df['Address']
```

```
del df['Method']
del df['SellerG']
del df['Date']
del df['Postcode']
del df['Lattitude']
del df['Longtitude']
del df['Regionname']
del df['Propertycount']
```
# 移除有缺失值的行
```
df.dropna(axis=0,how='any',thresh=None,subset=None,
inplace=True)
```
# 使用 one-hot 编码转换非数值型数据
```
features_df=pd.get_dummies(df,columns=['Suburb','Coun-
cilArea','Type'])
```
# 移除 Price 列
```
del features_df['Price']
```
# 从数据集中创建 X 和 y
```
X=features_df.values
y=df['Price'].values
```
# 按 70/30 比例划分数据集并混洗
```
X_train,X_test,y_train,y_test=train_test_split(X,y,test_
size=0.3,shuffle=True)
```
# 设置算法参数
```
model=ensemble.GradientBoostingRegressor(
    n_estimators=250,
    learning_rate=0.1,
    max_depth=5,
    min_samples_split=4,
    min_samples_leaf=6,
    max_features=0.6,
    loss='huber'
)
```
# 训练模型
```
model.fit(X_train,y_train)
```

```
# 保存模型
joblib.dump(model,'house_trained_model.pkl')
# 检查模型准确率(精确到两位小数)
mse=mean_absolute_error(y_train,model.predict(X_train))
print("Training Set Mean Absolute Error:%.2f" % mse)
mse=mean_absolute_error(y_test,model.predict(X_test))
print("Test Set Mean Absolute Error:%.2f" % mse)
```

# 14.2 网格搜索模型代码

```
# 导库,包括 GridSearchCV
import pandas as pd
from sklearn.model_selection import train_test_split
from sklearn import ensemble
from sklearn.metrics import mean_absolute_error
from sklearn.externals import joblib
from sklearn.model_selection import GridSearchCV
# 从 CSV 文件读取数据
df=pd.read_csv('~/Downloads/Melbourne_housing_FULL.csv')
# 删除不需要的列
del df['Address']
del df['Method']
del df['SellerG']
del df['Date']
del df['Postcode']
del df['Lattitude']
del df['Longtitude']
del df['Regionname']
del df['Propertycount']
# 移除有缺失值的行
df.dropna(axis=0,how='any',thresh=None,subset=None,
inplace=True)
# 使用 one-hot 编码转换非数值型数据
```

```
features_df = pd.get_dummies(df, columns = ['Suburb', 'Coun-
cilArea', 'Type'])
# 移除 Price 列
del features_df['Price']
# 从数据集中创建 X 和 y
X = features_df.values
y = df['Price'].values
# 按 70/30 比例划分数据集并混洗
X_train, X_test, y_train, y_test = train_test_split(X, y, test_
size = 0.3, shuffle = True)
# 定义模型
model = ensemble.GradientBoostingRegressor()
# 设置需要测试的参数配置
param_grid = {
    'n_estimators':[300,600,1000],
    'max_depth':[7,9,11],
    'min_samples_split':[3,4,5],
    'min_samples_leaf':[5,6,7],
    'learning_rate':[0.01,0.02,0.6,0.7],
    'max_features':[0.8,0.9],
    'loss':['ls','lad','huber']
}
# 定义网格搜索。如果有 GPU 则会并行运行。
gs_cv = GridSearchCV(model, param_grid, n_jobs = 4)
# 训练网格搜索模型
gs_cv.fit(X_train, y_train)
# 打印最佳超参数
print(gs_cv.best_params_)
# 检查模型准确率(精确到两位小数)
mse = mean_absolute_error(y_train, gs_cv.predict(X_train))
print("Training Set Mean Absolute Error:% .2f" % mse)
mse = mean_absolute_error(y_test, gs_cv.predict(X_test))
```

# 第15章
## 模型测试

现在我们已经开发了一个预测房产价格的模型，我们可以应用这个模型来预测其他房产价格了。

我们可以使用 joblib 命令（前文已经介绍）来导入我们已经保存的模型，然后将目标房产的各个属性输入模型中，最后预测出目标房产的价格。joblib 命令帮我们省去了重新运行以前代码的麻烦，我们甚至可以在其他笔记本（notebook）中使用这个已经保存的模型。必要的代码和步骤如下所示。

第一步，在 Jupyter Notebook 中新建一个笔记本，并导入 joblib。

```
# 导入 joblib
from sklearn.externals import joblib
```

第二步，使用 joblib 命令加载在上一章中保存的模型，传入模型文件名，来导入房产预测模型。

```
# 导入保存的模型
model = joblib.load('house_trained_model.pkl')
```

第三步，输入目标房产的各个变量的值。这一步骤更加复杂，需要额外的准备，稍后将解释。现在，让我们看看下面的变量，包括房间数量、占地大小和建造年份。请注意，下面的代码中并没有显示所有的 358 个变量。为了节省空间，Suburb 和 CouncilArea 变量都被简化了。这 358 个变量的完整代码可以在这里找到：http://www.scatterplotpress.com/blog/bonus-chapter-valuing-individual-property/。

```
house_to_value = [
    1,#Rooms
    20,#Distance
    3,#Bedroom2
```

```
    1,#Bathroom
    0,#Car
    534,#Landsize
    220,#BuildingArea
    1950,#YearBuilt
    0,#Suburb_Abbotsford
    0,#Suburb_Aberfeldie
    0,#Suburb_Airport West
    0,#Suburb_Albanvale
    0,#Suburb_Albert Park
    0,#Suburb_Albion
    0,#Suburb_Alphington
    1,#Suburb_Altona
    0,#Suburb_Altona Meadows
    ...
    0,#CouncilArea_Banyule
    0,#CouncilArea_Bayside
    0,#CouncilArea_Boroondara
    0,#CouncilArea_Brimbank
    0,#CouncilArea_Cardinia
    0,#CouncilArea_Casey
    0,#CouncilArea_Darebin
    0,#CouncilArea_Frankston
    0,#CouncilArea_Glen Eira
    0,#CouncilArea_Greater Dandenong
    1,#CouncilArea_Hobsons Bay
    0,#CouncilArea_Hume
    ...
    1,#Type_h
    0,#Type_t
    0,#Type_u
]
```

首先，你可能已经注意到这个模型中的许多变量都是二值的，对于 Suburb、CouncilArea 和 Type，只有一个变量是正数（1）。一栋房屋位于多个郊区或者市政区是不合理的。

其次，要使模型工作，需要编写大量的代码，其中必须包括所有358 个变量。按准确顺序手动输入 358 个变量是一项艰巨的任务，很容易出现人为错误，因为缺少一个变量就会导致整个模型失败。为了生成正确的变量序列，强烈建议使用代码。使用 Python，我们可以使用下面的代码片段生成完整的变量列表。请特别注意倒数第二行开头的标签。此代码应该临时添加到第一个练习的代码中，也就是我们开发原始模型的那份代码，如图 15-1 所示。

```
cols = features_df.columns.tolist()
print("house_to_value = [")
for item in cols:
    print("\t0," + "#" + item)
print("]")
```

```
: # Import libraries
import pandas as pd
from sklearn.model_selection import train_test_split
from sklearn import ensemble
from sklearn.metrics import mean_absolute_error
from sklearn.externals import joblib

# Download dataset
df = pd.read_csv('~/Downloads/Melbourne_housing_FULL-26-09-2017.csv')

del df['Address']
del df['Method']
del df['SellerG']
del df['Date']
del df['Postcode']
del df['Lattitude']
del df['Longtitude']
del df['Regionname']
del df['Propertycount']

# Remove rows with missing values
df.dropna(axis=0, how='any', thresh=None, subset=None, inplace=True)

# Convert non-numerical data using one-hot encoding
features_df = pd.get_dummies(df, columns=['Suburb', 'CouncilArea', 'Type'])

# Remove price
del features_df['Price']

cols = features_df.columns.tolist()

print("house_to_value = [")
for item in cols:
    print("\t0, "+"#"+item)
print("]")
```

**图 15-1　原始模型的代码**

这样就可以按正确的顺序打印所有变量（见图 15-2），其中，默认值为零。接下来，我们可以复制和粘贴这份列表，并将其添加到第二个笔记本中，来配置目标房产的参数。然后打印这些变量列表的代码就可以删除了。

```
house_to_value = [
    0, #Rooms
    0, #Distance
    0, #Bedroom2
    0, #Bathroom
    0, #Car
    0, #Landsize
    0, #BuildingArea
    0, #YearBuilt
    0, #Suburb_Abbotsford
    0, #Suburb_Aberfeldie
    0, #Suburb_Airport West
    0, #Suburb_Albanvale
    0, #Suburb_Albert Park
    0, #Suburb_Albion
    0, #Suburb_Alphington
    0, #Suburb_Altona
    0, #Suburb_Altona Meadows
    0, #Suburb_Altona North
```

**图 15-2 打印所有变量，默认值为 0**

现在让我们看看使用房产估价模型进行预测的最后步骤。

```
# 将 house_to_value 传给模型
house_to_value = [
house_to_value
]
predicted_house_value = model.predict(house_to_value)
predicted_house_value = predicted_house_value[0]
# 打印房产估价，精确到两位小数
print("This property has an estimated value of AUD ${:,.2f}".format(predicted_house_value))
```

代码最后一部分将房产价格格式设置成与训练模型时一致。

```
This property has an estimated value of AUD $771,720.11
```

单击"Run"命令，模型给出的预测为 771720.11 澳元。也就是说，一栋建于 1950 年，位于阿尔托纳霍布森湾，带有一个起居室、三个卧室、一个浴室，距离市中心 20km，没有车库的房子，估价为771720.11 澳元。

这条测试数据是从 domain.com.au（见图 15-3，也就是下载训练数据的网站）发布的房产数据中获取的。使用真实数据集而非虚构数据集的优势之一是能够收集未来数据来测试模型。在这种情况下，我们可以访问 domain. com. au，搜索位于墨尔本的房产，将参数添加到模型中，并查看预测结果。

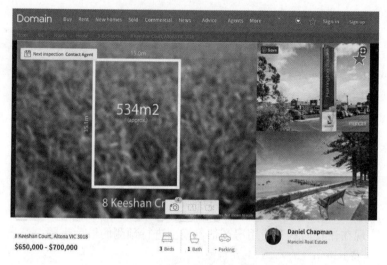

图 15-3　www. domain. com. au 中的房产样本

（免责声明：请注意，我不得不尽最大努力估算几个变量的值，包括 Building Area（建筑面积）、Year Built（建造年份）和离 CBD（中央商务区）的距离，因为在撰写本文时，目标房产的在线列表中缺少这些变量。）

如图 15-3 所示，该房产的实际估价为 65 万至 70 万澳元。这表明我们的模型估价过高了。但是，请记住，使用测试数据，模型的平均误差幅度为 161602.45 澳元，并且模型的预测并不能精确到最后一位。而且网上公布的上市价格和最终的销售价格也可能存在一定的差异。有些错误是不可避免的，但是模型总是可以进一步优化，来减少不准确的预测（如前一章所讨论的）。

最后，由于训练和测试数据是随机打乱的，并且随机输入决策树中，因此在你自己的机器上复现此模型时，预测结果会略有不同。

# 第 16 章
## 其他资源

如果想在机器学习领域取得进一步发展，本节为读者列出了一些相关的中英文学习资料。请注意，本节中列出的书的某些细节，包括价格可能会有所变化。

## 16.1　机器学习

Machine Learning（英文）
形式：Coursera 免费课程
主持人：吴恩达（Andrew Ng）
建议观众：初学者（特别是那些喜欢 matlab 的人）
吴恩达是这个领域最有影响力的人物之一。本课程适合对机器学习感兴趣的任何人。

Machine Learning With Random Forests And Decision Trees：A Visual Guide For Beginners（英文）
形式：电子书
作者：Scott Hartshorn
建议读者：初学者
内容简洁，价格便宜（3.2 美元），通过详细的视觉案例来理解决策树和随机森林，文中提供了实用的技巧和明确的指示。

Linear Regression And Correlation：A Beginner's Guide（英文）
形式：电子书
作者：Scott Hartshorn

建议读者：所有人

解释详细，价格便宜（3.2 美元），介绍了线性回归相关的内容。

## 16.2　人工智能的未来

*AI Superpowers：China，Silicon Valley，and the New World Order*
（英文）

形式：电子书、纸质书、有声读物

作者：李开复

建议读者：所有对未来感兴趣的人

李开复博士是世界上最受尊敬的人工智能专家之一，本书中体现了他对技术和未来的另一种深刻看法。李开复透露，中国在人工智能和机器学习领域突然赶上了美国，并敦促美国和中国接受并承担各自的重大责任。李开复预测，中国和美国将对白领工作产生强烈影响，并清楚地描述哪些工作将受到影响，以及要多久哪些工作可以通过人工智能得到提升。

《必然》（中文）

形式：电子书、纸质书、有声读物

作者：凯文·凯利（Kevin Kelly）

建议读者：所有对未来感兴趣的人

《纽约时报》畅销书作者 Kevin Kelly 对人工智能和机器学习进行了深入研究，对未来进行了展望。这本书提出了将会影响未来三十年的十二种必要技术。

《未来简史》（中文）

形式：电子书、纸质书、有声读物

作者：尤瓦尔·赫拉利（Yuval Noah Harari）

建议读者：所有对未来感兴趣的人

作为《人类简史》的续作，作者在书中以大量章节考察了未来机器产生意识、出现人工智能应用以及数据和算法发挥强大威力的可能性。

## 16.3　编程

《Python 编程》第 4 版（中文）

形式：电子书、纸质书

作者：卢茨（Mark Lutz）

建议读者：所有对学习 Python 感兴趣的人

由 O'ReillyMedia 出版的全面介绍 Python 的书籍。

《机器学习实战：基于 Scikit-Learn 和 TensorFlow》（中文）

形式：电子书、纸质书

作者：奥雷利安·杰龙（Aurélien Géron）

建议读者：所有对 Python、Scikit-learn 和 TensorFlow 编程感兴趣的人

由 O'ReillyMedia 出版，机器学习顾问奥雷利安·杰龙编写的书籍，对于拥有坚实计算机编程基础的任何人来说，这是接触高级方法的优秀书籍。

## 16.4　推荐系统

*Machine Learning*：*Make Your Own Recommender System*（英文）

形式：电子书、纸质书

作者：Oliver Theobald

建议读者：对 Python 和机器学习原理有基本理解的机器学习爱好者——此书与本书为同一作者。作为《机器学习入门必备》的后续读物，它将帮助读者学习并构建自己的推荐系统。书中的练习包括图书推荐、在线营销相关房产和广告点击预测。

*Recommender Systems*（英文）

形式：Coursera 课程

主持人：明尼苏达大学

费用：免费试用 7 天学习或花 49 美元在 Coursera 中订阅

建议观众：所有人

本课程由明尼苏达大学教授，专业涵盖基本的推荐系统技术，包括基于内容的推荐和协同过滤，以及非个性化和项目关联推荐系统。

课程地址：https：//www. coursera. org/specializations/recommender-systems

## 16.5　深度学习

*Deep Learning Simplified*（英文）

形式：博客

频道：DeepLearning. TV

建议观众：所有人

简短的视频系列，让你快速完成深度学习。在 YouTube 上能免费观看。

视频地址：https：//www. youtube. com/watch？ v = b99UVkWzYTQ

*Deep Learning Specialization*：*Master Deep Learning*，*and Break into AI*（英文）

形式：Coursera 课程

主持人：Deeplarning. ai 和 Nvidia

费用：免费试用 7 天学习或花 49 美元在 Coursera 中订阅

建议观众：中级到高级（有 Python 方面的经验）

对于那些希望学习如何在 Python 和 TensorFlow 中构建神经网络的人来说，这是一个强大的课程，课程中会给出一些职业建议，以及深度学习理论在工业中的应用。

课程地址：https：//www. coursera. org/specializations/deep- learning

《深度学习》（英文）

形式：电子书、纸质书

作者：伊恩·古德费洛（Ian Goodfellow）

建议读者：初级到高级，具有基本 Python 编程经验

卷积神经网络、循环神经网络和深度强化学习的全面和实用介绍。

## 16.6 未来生涯

*Will a Robot Take My Job?*（英文）

形式：在线文章

作者：BBC

建议读者：所有人

看看在 2035 年之前的人工智能时代，你的工作有多安全。

地址：http://www.bbc.com/news/technology-34066941

*So You Wanna Be a Data Scientist? A Guide to* 2015's *Hottest Profession*（英文）

形式：博客

作者：Todd Wasserman

建议读者：所有人

成为数据科学家的卓越见解。

地址：http://mashable.com/2014/12/25/data-scientist/

*The Data Science Venn Diagram*（英文）

形式：博客

作者：Drew Conway

建议读者：所有人

由 Drew Conway 设计和撰写的 2010 年流行的数据科学图表博客文章。

地址：http://drewconway.com/zia/2013/3/26/the-data-science-venn-diagram

# 第 17 章
## 数据集下载

在开始练习算法和构建机器学习模型之前，你首先需要数据。对于机器学习的初学者来说，获取数据有很多选择。一种方法是用 Python 编写一个 web 爬虫或者使用诸如 import. io 之类的点击和拖动工具来获取自己的数据集。然而，最简单和最好的方法是访问 Kaggle。

本书提到，Kaggle 提供免费的数据集下载。这可以节省你收集和格式化数据集的时间和精力。

同时，你也可以在论坛上与其他用户讨论和解决问题，参加比赛，一起探讨数据问题。

但是，请记住，从 Kaggle 下载的数据集本质上需要进行一些细化（清洗），来适应你要构建的模型。下面是来自 Kaggle 的三个免费数据集（英文），可能对你在该领域的进一步学习有帮助。在 ht-tps：//tianchi. aliyun. com/datalab/index. htm 上可以找到有用的中文数据集，包括淘宝用户行为以及阿里巴巴和阿里云天池社区公开提供的其他数据。

## 17. 1　世界幸福报告数据集

哪个国家的总体幸福度最高？哪些因素对幸福的贡献最大？在 2015 年和 2016 年的报告中，这些国家排名是如何变化的？有没有哪个国家的幸福感显著增加或减少？使用这份数据集，你可以对以上问题进行研究，数据来自盖洛普世界民意调查，记录了幸福指数和排名。这些分数是根据调查中提出的主要生活评估问题而得出的。

数据地址：https：//www. kaggle. com/unsdsn/world- happiness。

## 17.2 酒店评论数据集

五星级酒店的声誉会导致更多的客人心怀不满吗？反之，二星级酒店能否通过设定低预期和超额交付来影响客人评级？或者，一星级和二星级酒店是否因为某个原因而被评为低等级？你可以从这份数据集中找出这些答案。这份数据来源于 DataFiniti 的业务数据库，涵盖 1000 家酒店，包括酒店名称、位置、评论日期、内容、标题、用户名和评级。

数据地址：https://www.kaggle.com/datafiniti/hotel-reviews。

## 17.3 精酿啤酒数据集

你喜欢精酿啤酒吗？该数据集包含 2017 年 1 月从 CraftCans.com 收集的 2410 种美国精酿啤酒和 510 家啤酒厂的清单。饮酒和数据处理是完全合法的。

数据地址：https://www.kaggle.com/nickhould/craft-cans。

# 参 考 文 献

[1] "Will A Robot Take My Job?", *The BBC*, accessed December 30, 2016, http://www. bbc. com/news/technology-34066941/.

[2] Matt Kendall, "Machine Learning Adoption Thwarted by Lack of Skills and Understanding," *Nearshore Americas*, accessed May 14, 2017, http://www. nearshoreamericas. com/machine-learning-adoption-understanding/.

[3] Arthur Samuel, "Some Studies in Machine Learning Using the Game of Checkers," *IBM Journal of Research and Development*, Vol. 3, Issue. 3, 1959.

[4] The name "machine learning" came about because "machine" was a common byname for computers in the late 1960s and the moniker has stuck over the decades.

[5] Arthur Samuel, "Some Studies in Machine Learning Using the Game of Checkers," *IBM Journal of Research and Development*, Vol. 3, Issue. 3, 1959.

[6] "Unsupervised Machine Learning Engine," *DataVisor*, accessed May 19, 2017, https://www. datavisor. com/unsupervised-machine-learning-engine/.

[7] Kevin Kelly, "The Inevitable: Understanding the 12 Technological Forces That Will Shape Our Future," *Penguin Books*, 2016.

[8] "What is Torch?" *Torch*, accessed April 20, 2017, http://torch. ch/.

[9] Brandon Foltz, "Logistic Regression," *YouTube*, https://www. youtube. com/channel/UCFrjdcImgcQVyFbK04MBEhA.

[10] "Logistic Regression," *Scikit-learn*, http://scikit-learn. org/stable/modules/generated/sklearn. linear_model. LogisticRegression. html.

[11] "Dropna," *Pandas*, https://pandas. pydata. org/pandas-docs/stable/generated/pandas. DataFrame. dropna. html.

[12] "Gradient Boosting Regressor," *Scikit-learn*, http://scikit-learn. org/stable/modules/generated/sklearn. ensemble. GradientBoosting Regressor. html.